UNSERE MEERE
NORD- UND OSTSEE

»Wenn das Meer einen einmal in seinen Bann gezogen hat, hält es einen für immer in seinem Netz der Wunder.«

JACQUES-YVES COUSTEAU

THOMAS BEHREND
BILDER VON MARTINA ANDRÉS

UNSERE MEERE NORD- UND OSTSEE

LEBENSRAUM DER SUPERLATIVE

FREDERKING & THALER

INHALT

»Das Meer ist nicht nur die Wiege des Lebens, es ist auch das größte Ökosystem unserer Erde – faszinierend, mystisch und noch immer voller Geheimnisse.«

THOMAS BEHREND

VORWORT

Von einem, der auszog, das Meer kennenzulernen

Anfang der 1970er-Jahre hatte ich das erste Mal Kontakt mit der Ostsee. Meine Eltern kauften sich ein kleines Segelboot und wurden schnell zu begeisterten Ostsee-Seglern. Gemeinsam mit meinem Bruder fuhren wir in die Dänische Südsee, das Kattegat hoch bis zur Insel Anholt und die Küste Schwedens entlang bis in die Schärenlandschaft südlich Stockholms. Zumindest im Sommer waren wir jedes Wochenende und in jeder Ferienzeit auf der Ostsee unterwegs. Mindestens acht Jahre ging das so.

Damals interessierte mich das Leben in diesem Meer kaum. In den Häfen fingen wir, wie viele Kinder damals, Quallen und Krebse. Mehr spielerisch entdeckten wir die tierischen Bewohner, oder aus der Not heraus: Wenn ein Schlüssel oder die Brille meines Vaters ins Wasser fiel, mussten wir abtauchen. Kalt war es, und länger als wir brauchten, um das verlorene Gut wiederzufinden, blieben wir nicht im Wasser.

Diese Ausfahrten endeten abrupt, als ich in die Pubertät kam. Und wenngleich ich genau zu diesem Zeitpunkt ein fanatischer Fan des Meeresforschers Jacques Cousteau wurde und durch ihn die Geheimnisse des Meeres lieben lernte, blieb mir die Ostsee als Lebensraum zunächst verschlossen.

Das änderte sich Mitte der 1980er-Jahre, als ich endlich das Tauchen lernen konnte. Und was lag für einen Hamburger Jungen näher, als das vor der Haustür zu tun? So war die Ostsee spätestens ab 1986 mein bevorzugtes Revier und hier begann ich auch mit dem Filmen. Mit fortschreitender Erfahrung als Taucher entdeckte ich immer mehr dieser »kleinen Ostsee-Wunder«: Seeanemonen, die es in ihrer Farbenpracht mit jeder Blume aufnehmen können, obwohl sie keine Pflanzen, sondern Tiere sind. Oder mein Lieblingstier: der Seehase. Ein komisch aussehender Geselle, der bis zu 40 Zentimeter lang wird und in der Paarungszeit eine prächtige orange Laichfärbung bekommt. Jedes Tier, das transportierbar war, landete bei meinen Eltern im Keller. Dort wartete ein spezielles Brackwasser-Aquarium mit selbst gebauter Kühlanlage auf die Ostseebewohner.

Stunden, Tage, ja Wochen verbrachte ich mit meiner Filmkamera vor dem Aquarium. Eigentlich sollte ich Maschinenbau studieren, aber das lief irgendwie nebenbei. Ich wurde Zeuge, wie Miesmuscheln laichen, eine Aalmutter ihre lebenden Kinder gebiert und Strandkrabben sich häuten. Eine Welt voller Wunder!

Es vergingen viele Jahre mit Tauchpraxis und meeresbiologischen Seminaren, bis ich mir zumindest ein Basiswissen über die Ostsee erarbeitet hatte. Und glauben Sie mir, selbst die besten Meeresbio-

› **Eine Lebensaufgabe:** Thomas Behrend dokumentiert bereits seit fast 40 Jahren das Leben in den Meeren.

Nauticam
Nauticam
Nauticam

logen kennen nur einen Bruchteil dieses Meeres. In ihrer ganzen Komplexität wird die Ostsee wohl niemand je verstehen können.

Seit meinen ersten Tauchexkursionen Mitte der 1980er-Jahre bis heute vergingen über 30 Jahre. Jahre, in denen ich meist andere Meere erkundete und ihre Geheimnisse und Wunder in Filmen für ARD, ZDF, National Geographic und in den letzten Jahren auch für Streamingdienste dem breiten Publikum zeigte. Mit meinem 1991 gegründeten Unternehmen BLUE PLANET FILM habe ich in dieser Zeit mehr als 100 Filme über unsere Weltmeere produziert. Ein Film über die Ostsee war nie dabei.

Mich hat das nicht gewundert, denn trotz der Begeisterung für »meine« Ostsee war mir doch immer klar, dass es ihr im Vergleich zu anderen Meeren an vielem mangelt, um ein Filmstar zu werden: Es fehlt an Raubtieren, die man bei der Jagd spektakulär filmen kann: Hier gibt es keine Haie, die in wilden Rudeln ihren Opfern nachstellen, und auch keine Riesenmuränen, die ihrer Beute auflauern. Ja, es gibt nicht einmal Wale, die aus dem Meer springen. Na ja, und was das Wetter angeht, ist sie auch nicht wirklich ein Traumziel. Wenn überhaupt, gibt es nur wenige Wochen, in denen die Temperatur über 25 Grad klettert, und wann das wirklich ist, weiß wohl nur Petrus. So zumindest war mein Denken von der Ostsee geprägt.

▲ Geduld ist eine Tugend der Tierfilmer: Manchmal bedeutet das stundenlanges Warten und Beobachten.

Was die Nordsee betrifft, waren meine Kenntnisse vergleichsweise spärlich: Ich war in Südnorwegen getaucht, um Katzenhaie zu filmen, und ich durfte auf der Insel Helgoland die Unterwasserwelt kennenlernen. Darüber hinaus war mein Wissen über die Nordsee nur rein theoretisch. Dass sie weitaus spektakulärere Tiere beherbergt, ist bekannt, aber damit fehlten mir die persönlichen Erfahrungen.

Doch im Leben kommt es immer anders, als man denkt: Im Jahr 2019 erhielt ich den Auftrag, eine Filmreihe über die Nord- und Ostsee zu machen. Der Anspruch war denkbar groß: Es sollte die ultimative Filmreihe werden. Noch nie gesehene Bilder, noch nie erzählte Geschichten. Und vor allem: Alle Dreharbeiten sollten wirklich im oder zumindest direkt am Meer stattfinden. Das klingt zunächst logisch, doch in der Praxis wird es kaum so gehandhabt. Findet ein Filmemacher nicht ausreichend Geschichten zum eigentlichen Thema, dann schweift er gern ein wenig umher. Typisch wäre es zum Beispiel, ein Kapitel über Elche zu machen, denn die gibt es auf einer großen Ostseeinsel namens Öland. Das hat zwar mit der Ostsee direkt nichts zu tun, aber der Zuschauer merkt das meist nicht.

Das wollte ich nicht. Keine Ausreden! Keine »Füllstoffe«, sondern ausschließlich echte Ost- und Nordseegeschichten. Schon damals ahnte ich, dass diese Filme vermutlich die größte Herausforderung meines Berufslebens werden würden. Vielleicht war es kein Zufall, dass ich jetzt erst diesen Auftrag bekam. Ich fühlte mich auf dem Zenit meines Schaffens und wusste, dass ich diese Aufgabe vorher vermutlich nicht in diesem Umfang hätte annehmen können.

Doch gerade jetzt, im Jahr 2019, standen in meinem Unternehmen auch andere große Herausforderungen an. Soeben hatte sich mein ganzes Team quasi »runderneuert«. Erfahrene Mitarbeiter hatten sich verabschiedet, um eigene Filme zu machen, und für mich ging es darum, ein neues Team aufzubauen. Wie der Zufall es wollte, lernte ich zwei junge Biologen kennen: Manuel Spescha und Martina Andrés. Beide hochmotiviert und mit hochqualifizierter Ausbildung. Zudem hatten beide bereits einschlägige Fähigkeiten im Tauchen und erste Erfahrungen im Filmen. Gemeinsam machten wir uns an die Mammut-Aufgabe.

Monatelang recherchierten wir nach den besten Geschichten, besuchten viele Drehorte und sprachen mit unzähligen Wissenschaftlern und Ortskundigen. Anfang 2020 hatten wir endlich ein erstes Konzept. Es sollten nicht nur spannende Geschichten sein, sie sollten auch alle in eine übergeordnete Fragestellung passen. Dramaturgisch anspruchsvoll und dennoch lehrreich – das war unser Anspruch.

In diesem Buch möchte ich Sie teilnehmen lassen an unseren Abenteuern, ich möchte Ihnen einen kleinen Einblick in das Leben von uns Tierfilmern geben und versuchen, Sie für die kleinen und großen Helden dieser Meere zu begeistern.

Nun, da ich diese Zeilen schreibe, sind die Filme fast fertig. Und wenn Sie dieses Buch in Händen halten, sind sie bereits ausgestrahlt worden. Tatsächlich wurden sie zur größten Herausforderung meines Lebens als Filmemacher: Für keinen noch so entfernten Drehort, einschließlich meiner Arktisfilme, bin ich mit meinem Team so oft gereist, habe so viele Fehlschläge erlitten und musste so oft das gesamte Konzept umwerfen. Die Ostsee und die Nordsee sind und bleiben gigantische Herausforderungen – für jeden Filmemacher. Dennoch bin ich sicher, dass wir unser Ziel erreicht haben. »Unsere Meere« wird Maßstäbe setzen.

Je weiter man entlang der Küsten der Ostsee Richtung Norden reist, desto rauer und felsiger werden sie.

UNSERE OSTSEE

EIN AUSSERGEWÖHNLICHES MEER

Schwierige Lebensbedingungen

Das größte Brackwassermeer der Welt, das jüngste Meer der Welt – das ist die Ostsee. Und für mich ist sie auch das extremste Meer der Erde. Warum? Der Bereich der heutigen Ostsee wurde im Lauf der Entstehungsgeschichte unserer Erde immer wieder einem großen Wandel unterzogen. Vom Korallenmeer zum Süßwassersee, vom Süßwassersee zum Brackwassermeer und dann wieder zum See. Diese Darstellung ist geologisch gesehen mehr als grob und dennoch zeigt sie, wie bewegt es im heutigen Ostseeraum zuging.

Die Ostsee, so wie wir sie heute kennen, gibt es erst seit etwa 5000 Jahren. Nach dem Ende der letzten Eiszeit vor 12 000 bis 14 000 Jahren begann sich die heutige Form zu entwickeln. Die Gletscher zogen sich zurück. Das Land, welches zuvor von dem bis 3000 Meter dicken Eispanzer komprimiert wurde, hob sich allmählich wieder. Im Westen brach dann die Nordsee durch die dänische Inselwelt und versorgt die Ostsee seitdem mit frischem Meerwasser. Doch dieser Zustrom ist äußerst gering, ich jedenfalls muss dabei immer an eine künstliche Beatmung denken. Der Zustrom ist so groß, dass in der Ostsee Tiere aus der Nordsee leben können. Er ist aber eben auch so gering, dass sich das Verbreitungsgebiet der echten Meeresbewohner auf den westlichen Teil der Ostsee beschränkt.

Das Salzwasser aus der Nordsee trifft nämlich auf gewaltige Süßwassermengen, die über große Flüsse wie die Oder, die Weichsel, die Memel, die Düna und die Newa in die Ostsee gelangen. Dieses Gemisch aus Süß- und Salzwasser nennt man Brackwasser. Und die Ostsee ist das größte Brackwassermeer der Erde. Da die Salzkonzentration nicht einheitlich verteilt, sondern in den westlichen Regionen deutlich höher ist als in den östlichen und nördlichen, steht das Ökosystem unter Dauerstress. Den einen Lebewesen ist es zu süß, den anderen zu salzig. Und viele Organismen kommen erst gar nicht vor. Die meisten Meeresbewohner sind aus der Nordsee eingewandert und haben sich im Lauf der Zeit dem salzärmeren Milieu angepasst. Aber die Anpassungsfähigkeit dieser Tiere hat Grenzen. Das führt auch dazu, dass die Anzahl der echten Meeresbewohner von West nach Ost abnimmt. Umgekehrt sind Süßwasserarten in den westlichen Regionen weniger vertreten. Die Entstehungsgeschichte der Ostsee hat also einen unglaublich großen Einfluss auf seine Bewohner und ihr Leben.

› **Faszinierende Jägerin:** Die Gotland-Ringelnatter geht fast ausschließlich in der Ostsee auf Jagd.

Anspruchsvolles Casting

Die Suche nach geeigneten Protagonisten für einen Tierfilm steht immer am Anfang, lange bevor die Dreharbeiten beginnen. Und unsere Aufgabe bestand nun darin, die widrigen Umstände, welche die Ostsee ihren Bewohnern bietet, und die daraus resultierenden Herausforderungen anhand von entsprechenden Tiergeschichten darzustellen.

Mit welchem Tier lassen sich die Auswirkungen der Eiszeit noch heute demonstrieren? Mit welchem Tier lässt sich am besten zeigen, welche Auswirkungen der schwankende Salzgehalt hat? Das war die Herausforderung für uns. Und wir fanden großartige Beispiele: Auf der Insel Gotland gibt es eine Schlange, die sich nach der Eiszeit erst an die extremen Bedingungen gewöhnen musste. Anstatt in Teichen und Seen zu jagen, geht sie heute ins Meer, um dort Beute zu machen. Das ist einzigartig in der Ostsee. Und im Norden Estlands gibt es noch heute eine Population von Kegelrobben, deren Vorfahren einst über das Eisschild hierher einwanderten.

Auch die extremen Auswirkungen des schwankenden Salzgehalts konnten wir anhand vieler Beispiele aufzeigen: In der Kurischen Nehrung gehen Erdkröten ins Brackwasser und legen dort ihre Eier ab, obwohl sie das sonst nur im Süßwasser tun.

Und die Miesmuscheln, die in der Beltsee Dänemarks noch etwa sieben Zentimeter lang werden, neigen nur wenige Hundert Kilometer weiter östlich zum Zwergenwuchs und erreichen dort kaum noch zwei Zentimeter Länge.

Diese von Natur aus extremen Bedingungen führen auch dazu, dass menschengemachte Veränderungen die Situation nochmals verschärfen. Das liegt auf der Hand. So sind zum Beispiel Meerforellen darauf angewiesen, dass die großen Wellen der Winterstürme sie regelrecht in ihre Geburtsflüsse katapultieren. Bleiben die Stürme aber durch Klimaveränderungen aus, haben sie keine Chance. Durch die Erwärmung der Ostsee leiden zum Beispiel die Miesmuscheln. Sie schalten ihren Stoffwechsel im Winter nicht mehr herunter und nehmen dadurch ab. Tiere wie Eiderenten oder Seesterne, deren Hauptnahrungsquelle die Miesmuschel ist, kommen dadurch selbst in eine lebensbedrohliche Lage.

▲ Das Dünengebiet im Osten der dänischen Insel Anholt ist nur schwer erreichbar. Ein perfekter Rückzugsort für Seehunde. Leider gibt es von solchen abgeschiedenen Orten immer weniger.

Die Rauken von Gotland sind Zeugen einer längst vergangenen Zeit. Sie sind die Überreste früherer Korallenriffe.

SEEHUNDE

PHOCA VITULINA

»Die Taucher sehen Robbenbabys, die herzergreifend miteinander spielen. Die Tiere knabbern ihnen in die Tauchflossen und scheuen die Nähe der Menschen nicht.«

Neugieriges Seehundbaby: Schon kurz nach der Geburt fühlen sich die kleinen Seehunde pudelwohl im Wasser.

MITTEN IN DER KINDERSTUBE

Seehunde auf Anholt im Kattegat

Vorsichtig schleichen wir über den Dünenkamm und spähen durch das vom Wind bewegte Dünengras. Da sind sie tatsächlich: Seehunde. Ihr Bellen und Quaken hatten wir schon von Weitem gehört, denn der Wind weht in unsere Richtung. Eine richtige Seehundkolonie mit vielen etwa ein bis zwei Wochen alten Jungtieren. Sind es 200 oder doch 500 Tiere? Schwer zu sagen. Als unser Kollege Josh Miller dann die Drohne in die Luft bringt, wird das Bild ein

»Außer Radwegen führt keine Straße dorthin, und so bleibt dieser Teil der Insel der Tierwelt überlassen.«

wenig klarer: Jetzt, am Morgen, liegen noch etwa 100 bis 200 Erwachsene verschlafen mit ihren Jungen am Ufer, der Rest von ihnen schwimmt direkt davor im Flachwasser. Schwimmunterricht ist angesagt, denn die Jungen werden schon bald abgestillt und müssen dann allein zurechtkommen. Diese Schulgruppe ist ähnlich groß wie die an Land. Erst durch die Vogelperspektive der Drohne wird das abschätzbar. Vermutlich gibt es noch mehr Tiere: Erwachsene, die irgendwo draußen auf Fischfang sind.

Wir sind im Kattegat. So wird das Meeresgebiet zwischen Dänemark und Schweden genannt, nördlich vom Skagerrak begrenzt und südlich von den dänischen Inseln Fünen und Seeland. Gehört das Kattegat zur Ostsee oder doch zur Nordsee? Es gibt viele Definitionen und keine kommt zu einem eindeutigen Ergebnis. Nur eines ist gewiss: Südlich des Kattegats beginnt die Ostsee. Und deshalb beginnen wir hier unsere Dreharbeiten über die Ostsee. Mitten im Kattegat liegt unser Drehort, die kleine Insel Anholt. Sie ist gut vier Kilometer breit und doppelt so lang.

Während der Südwesten im Sommer von vielen Touristen und Freizeitkapitänen besucht wird, so ist der Nordosten der Insel auch jetzt, Anfang Juni, fast menschenleer. Außer Radwegen führt keine Straße dorthin, und so bleibt dieser Teil der Insel der Tierwelt überlassen. Große Dünenlandschaften prägen die Landschaft hier und ein eindrucksvoller Leuchtturm. Das angrenzende Haus des Leuchtturmwärters wird schon lange nicht mehr bewohnt, heute sind alle Leuchtfeuer automatisiert. Für knapp zwei Wochen wird das alte Gebäude unser Zuhause. Von hier aus wollen wir die wohl eindrucksvollste Seehundkolonie dieser Region filmen.

Ein neues Team für neue Bilder

Die wichtigste Aufgabe für mich und mein Team: noch nie da gewesene Aufnahmen der Kinderstube

unter Wasser zu zeigen. Da die Tiere unter Wasser oft scheu auf Taucher mit Pressluftflaschen und die damit verbundenen Luftblasen reagieren und das Wasser hier ohnehin sehr flach ist, entscheide ich mich dafür, die Dreharbeiten ohne Tauchgerät zu machen. Für solche Arbeiten muss man aber sehr lange die Luft anhalten können – nicht gerade meine größte Stärke. Wie der Zufall es will, habe ich gerade in den letzten Monaten eine Bewerbung von zwei Schweizer Apnoetauchern erhalten, die über einige Erfahrungen mit der Unterwasserkamera verfügen. Apnoetaucher, auch Freitaucher genannt, können mit nur einem Atemzug die Unterwasserwelt erkunden. Es gibt in diesem Sport verschiedene Wettkampfdisziplinen wie Streckentauchen, möglichst lange die Luft anzuhalten oder unter verschiedenen Bedingungen möglichst große Tiefen zu erreichen. Ihnen allen gemein ist aber eine große Liebe zur Natur und zum Sport. Apnoetauchen hat für mich etwas Asketisches und Reduziertes. Ein Sport, bei

▲ Die Sandbank im Osten Anholts wird jedes Jahr zur Heimat einer der größten Seehund-Kolonien der Ostsee. Sie versammeln sich hier, um ihre Kinder zu gebären.

dem der Mensch mit der Natur und dem Meer ganz im Einklang steht.

Und so wie dieser Sport sind auch Martina Andrés und Manuel Spescha, beide aus der Schweiz und ja, sie sind ein Paar. Sie werden auf Anholt ihren ersten Einsatz für mich haben. Viele Tage sollen sie stundenlang mit Babyseehunden im Wasser verbringen und deren Tagesablauf dokumentieren.
Für den Rest des Teams setze ich auf eine Mischung von Altbewährtem und Neuem: Wie immer wird Josh Miller unsere Drohnenbilder übernehmen und in der Nacht und den Morgenstunden Zeitrafferaufnahmen des Leuchtturms und des Sternenhimmels machen. Als einer der wenigen im Team schafft er es, auch mehrere Tage hintereinander in der Nacht zu arbeiten. Unser Newbie im Team ist Thies Hinrichsen, ein Biologiestudent, der sich durch unglaubliche Geduld auszeichnet und durch die Fähigkeit, auch lange Zeit allein arbeiten zu können. Neben mir gibt es dann noch einen weiteren »grauen Wolf« im Team: Jens Klingebiel. Wir beide wollen mit extremen Teleobjektiven die Welt der Seehunde am Ufer porträtieren.

Spielende Babys, kamerascheue Erwachsene

Tatsächlich stellen Jens und ich bereits am ersten Tag fest, dass die Seehunde sehr sensibel auf uns reagieren. Dass wir einfach am Strand die Kamera aufbauen, akzeptieren sie nicht. Das ist nicht immer so. Jede Robbenkolonie verhält sich anders. Ich habe fast auf der ganzen Welt Robben gefilmt, in der Arktis, Südafrika und Namibia, auf den Galapagosinseln, in Mauretanien und Patagonien. Wer glaubt, seine Erfahrungen mit einer Spezies auf eine andere oder von einem Ort auf einen anderen übertragen zu können, liegt schlichtweg falsch. Und die Seehunde hier auf Anholt sind leider scheu. Wir werden uns etwas ausdenken müssen.

Anders geht es Manuel und Martina mit den Robbenbabys unter Wasser: Schon am ersten Abend zeigen sie uns fantastische Aufnahmen. Robbenbabys, die herzergreifend miteinander spielen. Auch erzählen die beiden, dass die Tiere auf sie zukommen, ihnen in die Tauchflossen knabbern und allgemein die Nähe der Menschen nicht scheuen. Für mich ein fantastischer Start. Nicht nur deshalb, weil die vermeintlich schwierigsten Aufnahmen möglich sind, sondern auch, weil die beiden Schweizer bereits am ersten Tag ein gutes Gespür bei der Filmarbeit zeigen.

Während wir noch immer euphorisch das Material betrachten, kommt Josh gähnend aus seinem Zimmer. Er hat tagsüber geschlafen und präsentiert uns nun die Früchte seiner Nachtarbeit. Ein fantastischer Sternenzeitraffer um den Leuchtturm der Insel. Nach einem (oder zwei) Feierabend-Bieren gleiten wir befriedigt in die Betten, während sich Josh wieder zur Arbeit am Ufer aufmacht.

Schüchterne Annäherungsversuche

Am nächsten Morgen bereiten Jens und ich unseren Schlachtplan für die Dreharbeiten vor: Um den Seehunden möglichst nahezukommen, wollen wir kleine Tarnzelte vor und hinter ihrer Kolonie aufbauen, damit wir die dringend benötigten Nahaufnahmen erhalten. Mitten am Tag, denn jetzt ist die Robbenkolonie verlassen, setzen wir unser Werk um. Die Zelte werden mit speziellen Nägeln im Sand abgespannt und zusätzlich von innen mit Steinen

▾ Stürmische Zeiten: Jens Klingebiel hatte Glück in der letzten Sekunde. Das Team hilft ihm aus dem Kameraversteck.

▴ Das Wetter auf Anholt kann sich sehr schnell ändern. Die Unterkunft um den Leuchtturm wird zum Rückzugsort für das Team.

Kameramann Jens Klingebiel auf dem Rückweg nach einem langen Arbeitstag in der Seehund-Kolonie

gesichert, damit der Wind sie nicht wegweht. Mein Walkie-Talkie krächzt unvermittelt los. Es ist Thies. Am gegenüberliegenden Ufer hat er eine tote Seehundmutter gefunden und fragt, ob er sie filmen soll. Ja, er soll.

Noch bevor die Seehunde zurückkehren, sind Jens und ich bereits in unseren Zelten. Etwa eine Stunde vor Sonnenuntergang kommen die ersten Tiere. Blökend und quiekend schleppen sie sich ans Ufer. Immer wieder schauen sie sich nach allen Seiten um, ob von irgendwo Gefahr droht. Wie zu erwarten war, meiden sie die Nähe der Zelte.

Oft muss man Tage oder Wochen vor den Dreharbeiten Zelte oder Tarnhütten aufstellen, damit sich die Tiere daran gewöhnen können. Doch hier auf Anholt ist das generell verboten, und auch wir haben erst jetzt vor Ort eine Genehmigung bekommen.

Also heißt es warten. Die Nacht verbringen Jens und ich in den Zelten, in der Hoffnung, dass die später oder auch in der Nacht zurückkehrenden Robben näher an uns heranrücken.

Am frühen Morgen werde ich nicht vom Wecker, sondern von einem ungewöhnlichen Rascheln am Zelt geweckt. Vorsichtig öffne ich den Reißverschluss und schaue direkt in die Augen des kleinen Seehundbabys. »Määh« und noch mal »määh«,

▲ Oft sind Seehundbabys so in ihr Spiel vertieft, dass sie nicht einmal die Taucher bemerken. Für Manuel Spescha ein unvergessliches Erlebnis

▶ Seehundbabys sind sehr gesellig und suchen sowohl unter Wasser als auch an Land den Kontakt zueinander.

schreit es mir entgegen. Fragt es mich: »Bist du meine Mutter?« Sofort kommt mir das Gespräch mit Thies in den Sinn. Ist dies das Baby der verstorbenen Mutter? Blödsinn, sage ich mir. Es gibt Hunderte von jungen Seehunden hier. Mit schlechtem Gewissen schließe ich den Reißverschluss vor den Augen des Babys. Hier darf ich nicht eingreifen! Ein Blick aus dem anderen Fenster verrät: Die Robben sind immer noch genauso weit weg wie am Abend zuvor. Mist! Auch Jens hat das bemerkt und ruft mich auf dem Handy an. Das schönste Licht ist ohnehin vorbei und so brechen wir unseren Versuch ab.

Als wir auch nach drei Tagen keinen Erfolg mit unseren Zelten haben, entwickeln Jens und ich eine neue Idee: Wir graben uns in einfach in den Sand ein! Gesagt, getan. Die etwa einen Meter tiefen Mulden bilden zwar ein perfektes Tarnversteck, aber es dauert nicht lange, da hocken wir wadentief im Wasser.

Wieder knarzt das Walkie-Talkie und wieder ist es Thies. Ein Gewitter zieht auf. Jens und ich hatten das gar nicht richtig wahrgenommen. Kaum haben wir unsere Sandburgen verlassen, kommt schon das ganze Team auf uns zu gelaufen. Ein Blick zurück zeigt, warum: Die Gewitterfront steht unmittelbar vor uns und die Winde werfen uns auf dem Weg zurück zum Leuchtturm fast um. Wir sind gerade angekommen, da bricht der Himmel über uns zusammen. Das vielleicht heftigste Gewitter meines Lebens währt die ganze Nacht.

Verletzte und unterernährte Tiere

Wieder beziehen Jens und ich unsere Sandburgen bei den Robben, während Manuel und Martina erneut mit den Seehundbabys tauchen. Diesmal fällt uns auf, wie viele Elterntiere ernsthafte Wunden an Hals und Gesicht tragen. Einigen hängen Hautfetzen von den Wangen, andere haben einfach »nur« große oder kleinere Schnitt- und Schnürwunden. Unser Verdacht, dass diese von Fischernetzen stammen, sollte sich nach unserer Reise bestätigen. Vermutlich geraten die Seehunde in ihrer Not, noch ausreichend Fisch zu fangen, immer wieder in die Netze der Fischer und verletzen sich.

Schlimmer als das wirkt auf uns jedoch die Anzahl der verendeten Baby-Seehunde und die jener, die allein am Strand offensichtlich nach ihrer Mutter suchen. Die meisten sind bereits stark unterernährt. Als wir am Abend dem Rest des Teams diese Aufnahmen zeigen, wird der Ruf laut, die Behörden zu informieren. Das tun wir dann auch. Ein Anruf beim örtlichen Robbenbeauftragten macht aber schnell klar, dass Hilfe nicht zu erwarten ist. Diese Insel sei zu weit weg, um unterernährte Babys abzutransportieren, und überhaupt gäbe es kein Budget dafür. Außerdem wird uns klar gemacht, dass die Natur so ist – nur die Stärksten kommen durch. Das sollten wir als Naturfilmer ja wohl am allerbesten wissen. Stimmt alles – weh tut es trotzdem.

Eine Woche später verlassen wir die Insel Anholt. Die Highlights dieser Reise liegen definitiv bei den Unterwasseraufnahmen: Spielende Seehundbabys hat so sicher noch keiner gesehen. Martina und Manuel haben ihre Feuerprobe bravourös bestanden.

◂ **Zwei stark unterernährte** Seehundbabys warten wahrscheinlich vergebens auf die Rückkehr der Mütter. Der Fischfang wird für die erwachsenen Tiere immer gefährlicher.

▸ **Im Frühsommer** verwandelt sich die Sandbank von Anholt zur Kinderstube der Seehunde.

Erste Erkundungstour: Bereits wenige Tage nach der Geburt macht sich ein Seehundjunges auf, die Ostsee zu entdecken.

MIESMUSCHELN

MYTILUS EDULIS

»Miesmuschelkolonien sind von unfassbarem Wert für das biologische Gleichgewicht in unseren Meeren. Sie reinigen viele Millionen Liter Wasser.«

Nicht nur eine Delikatesse auf dem Teller, sondern eines der bedeutendsten Lebewesen der Ostsee

EIN EINZIGARTIGES ÖKOSYSTEM

Miesmuscheln vor Möns Klint

Wie Stecknadeln brennt das Wasser im Gesicht, als wir abtauchen. Es ist Ende Februar und die Wassertemperaturen liegen um die fünf Grad. Wir sind vor Möns Klint, einer großen Kreidefelswand im Südosten Dänemarks. Schon bald erstreckt sich vor uns ein großes Miesmuschelfeld. Ein zunächst nicht gerade berauschender Anblick. Es gibt hier keine großen Tiere. Keine Robben mit Knopfaugen, keine großen Fischschwärme oder sonst irgendetwas, das uns unmittelbar in den Bann zieht.

Warum aber sollte sich ein Filmemacher für ein optisch so undankbares Objekt interessieren? Weil Miesmuschelkolonien von unfassbarem Wert für das biologische Gleichgewicht in unseren Meeren sind. Eine voll ausgewachsene Miesmuschel kann bis zu zwei Liter Meerwasser pro Stunde filtern. Sie nimmt dabei feine organische Partikel auf, um sich zu ernähren. Machen wir uns klar, dass eine Kolonie nicht selten aus Hunderttausenden solcher Tiere besteht, so reinigt sie viele Millionen Liter Wasser täglich.

Miesmuscheln sind aber nicht nur gewaltige Kläranlagen, sie bieten anderen Tieren auch einen einzigartigen Lebensraum. Große Teile der Ostsee sind von Schlamm- und Sandböden gekennzeichnet, was nur für wenige Tiere attraktiv ist, denn es gibt kaum Versteckmöglichkeiten und das Nahrungsangebot ist vergleichsweise gering. Die Miesmuscheln gehören zu den ganz wenigen Tieren, die den öden Sandgrund in ein Paradies für Fische und andere Tiere verwandeln können. Ihr Trick: Sie verbinden sich untereinander mit reißfesten und dennoch dehnbaren Fäden, die man Muschelseide oder Byssusfäden nennt. Wenn sich so Tausende oder gar Hunderttausende von Muscheln aneinander festhalten, bilden sie einen fast unzerstörbaren Teppich am Meeresboden. Aus dem flachen Sandgrund wird so eine dreidimensionale Struktur mit Versteckmöglichkeiten, beispielsweise für kleine Fische, Krebse und Schnecken. Diese Lebensgemeinschaft zieht dann auch größere Fische an, die hier jagen.

So erschaffen die Miesmuscheln ein Ökosystem, das in der Ostsee seinesgleichen sucht. Wir sind von der Artenvielfalt überrascht: Seenadeln und Seestichlinge, Krabben und Klippenbarsche drehen ihre Runden über die Muschelbank. Auf den schwarzen Schalen heften sich Seepocken, Seenelken und unzählige weitere Tiere an.

Neue Perspektiven

Und doch ist es für uns Filmemacher eine gewaltige Herausforderung, hier eine gute Geschichte zu

▸ **Eine der auffälligsten Landmarken der Ostsee:** Die Kreidefelsen von Möns Klint sind für alle Seefahrer schon von Weitem sichtbar.

Miesmuscheln haben die Fähigkeit, riesige Kolonien zu bilden und so großflächig Sand besiedeln zu können. Damit schaffen sie einen Lebensraum für viele andere Tiere.

◂ Kläranlage der Meere: Eine ausgewachsene Miesmuschel kann bis zu zwei Liter Meerwasser pro Stunde filtern.

▴ Für die Filmaufnahmen kam neueste Kameratechnik zum Einsatz. Manuel Spescha filmt mit einem Schnorchelobjektiv, wie ein Seestern eine Miesmuschel frisst.

erzählen. Wir werden hier ganz anders arbeiten müssen als bei jedem unserer anderen Themen. Denn es braucht einen Perspektivwechsel. Uns wird klar: Nur wenn es gelingt, die zeitliche und auch die visuelle Perspektive zu verändern, wird es uns auch gelingen, die Vorgänge in der Kolonie sichtbar zu machen. Was will ich damit sagen?

Zuerst die zeitliche Perspektive: In einer Miesmuschelkolonie ticken die Uhren anders. Alles läuft so langsam ab, dass wir Menschen die Lebendigkeit dieses Lebensraums gar nicht wahrnehmen. Wir müssen also die Zeit beschleunigen. Wir müssen Tage und Stunden zu Minuten und Sekunden werden lassen. Das geht nur mit der Zeitraffertechnik. Das heißt nichts anderes, als dass wir unsere Kameras viele Stunden auf die Kolonie richten und dann später die Filmsequenzen im Computer extrem beschleunigen. So werden dann zum Beispiel aus fünf Stunden nur fünf Sekunden.

Der zweite Perspektivwechsel bezieht sich auf den Blickwinkel, aus dem wir die Kolonie filmen müssen. Die Miesmuschelkolonie breitet sich ja flach auf dem Meeresgrund aus und es ist naheliegend, dass man unter normalen Umständen auf sie herabschaut. Das wollen wir ändern. Wir wollen mittendrin sein! Wie aber kann man als Kameramann in die Kolonie regelrecht eintauchen? Dank einer neuen Technik ist das heute möglich.

Vor der Kamera montieren wir eine Schnorcheloptik. Sie sieht wie ein langes Rohr aus, an dessen

Ende ein sehr schmales Objektiv befestigt ist. Fast mutet dieses Gerät wie ein kleines Maschinengewehr an, auch weil vorne ein kleines Dreibein angebracht ist, um dieses extrem lange Objektiv zu stützen. So gelingt es uns, zwischen die Miesmuscheln zu kommen. Wir nehmen quasi die Perspektive eines kleinen Fisches ein, der sich in der Kolonie versteckt. Schon die ersten Filmversuche mit dieser Technik begeistern uns. Es gelingen extreme Makro-Aufnahmen der Muscheln bei ihrer Nahrungsaufnahme und wir können dokumentieren, wie sie sich mit Muschelseide untereinander verbinden. Bilder, die man so noch nie gesehen hat.

Seesterne greifen an

Bei den weiteren Tauchgängen werden sich Martina und Manuel nun auf einen der wenigen natürlichen Feinde der Miesmuscheln konzentrieren: den Seestern! Überall auf der Kolonie finden sich die Stachelhäuter. Immer wieder höre ich Menschen fragen: »Was, in der Ostsee gibt es Seesterne?« Ja, die gibt es! Der Gemeine Seestern ist im westlichen Teil der Ostsee weit verbreitet. Je mehr man sich in Richtung Osten bewegt, desto weniger werden diese Tiere, bis sie irgendwann gar nicht mehr vorkommen. Das liegt am Salzgehalt der Ostsee, der Richtung Osten immer weiter abnimmt (siehe S. 16). Damit kommen immer weniger Meeresbewohner zurecht. Hier aber, vor Möns Klint, ist der Salzgehalt noch sehr hoch. Den Seestern findet man häufig an verendeten Fischen und anderen Tieren. Als Aasfresser übernimmt er eine wichtige Aufgabe in der Ostsee. Am liebsten mag er Miesmuscheln, und das können wir nun hautnah filmen.

Erst im Zeitraffer zeigt sich, wie der Angriff eines Seesterns auf eine Muschel erfolgt: Der Seestern klettert zunächst auf die Miesmuschel, um sogleich die beiden Schalenhälften mit seinen Saugfüßen zu ergreifen. Schnell hat die Muschel das bemerkt und zieht mit ihrer Muskulatur die Schalenhälften zusammen. Nun ist ihr Inneres zwar vor dem Räuber sicher, aber atmen kann sie so nicht mehr. Der Seestern spielt auf Zeit. Irgendwann wird die Muschel sich wieder öffnen müssen, um sprichwörtlich »Luft zu holen«. Auch ist ihre Muskulatur aufgrund des Sauerstoffmangels schon bald erlahmt. Sie hat keine Wahl – irgendwann gibt sie auf. Nun hat der Seestern leichtes Spiel.

Er dringt mit seinem ausgestülpten Magen in die Miesmuschel ein und löst sie vom Inneren heraus auf. Zurück bleibt nur eine leere Schale. Das alles ist ein natürlicher Vorgang und er kann die Miesmuschelkolonie nicht ernsthaft bedrohen. Dafür ist das Verhältnis zwischen Jägern und Gejagten zu ausgewogen. Zumindest ist das in einem gesunden Meer der Fall. Seit einigen Jahrzehnten hat sich in der Ostsee aber Dramatisches getan.

Bedroht durch menschliche Eingriffe

So bewundernswert die Fähigkeit der Muscheln auch ist, den losen Sandgrund zu bevölkern, umso einfacher ist es dennoch für sie, auf festem Untergrund zu siedeln. Wir alle kennen das, Hafenanlagen wie Molen oder Stege sind oft übersät von Miesmuscheln. Der Grund dafür liegt auf der Hand: Die Tiere können sich nicht nur untereinander, sondern zusätzlich auch auf dem festen Untergrund mit ihrer Muschelseide festhalten. Zudem ist davon auszugehen, dass sie die exponierte Lage auf einem Stein oder Pfahl

◂ **Ihre Fähigkeit,** riesige Teppiche zu bilden, verdanken die Miesmuscheln sogenannten Byssusfäden.

▸ **So verbunden** halten sie selbst starken Stürmen stand.

auch bevorzugen, weil hier Strömungen und Wasserbewegungen besser zur Nahrungsaufnahme genutzt werden können als auf dem flachen Sandgrund.

Der wichtigste natürliche Besiedlungsgrund der Miesmuschel war jahrtausendelang der Findling. So nennt man sehr große Steine, die während der Eiszeit von Gletschern transportiert wurden und auf diese Weise in die heutige Ostsee gelangten. Zwischen 1920 und 1965 wurden der Ostsee vermutlich 100 000 Tonnen an Findlingen entnommen. Man benötigte sie für den Bau von Molen, Dämmen und Schutzwällen. Man schätzt, dass den Miesmuscheln dadurch eine Siedlungsfläche geraubt wurde, die zweimal so groß ist wie die der Stadt Paris.

»Einige Untersuchungen gehen davon aus, dass es heute nur noch zehn Prozent des ursprünglichen Bestands an Miesmuscheln gibt. Ein unvorstellbares Desaster, wenn man sich vor Augen hält, wie wertvoll der Lebensraum einer Miesmuschelkolonie für andere Bewohner ist und welch immense ›Reinigungsleistung‹ diese Tiere übernehmen.«

◂ Im Würgegriff des Seesterns: Es ist nur eine Frage von Stunden, bis der Muschel die Luft ausgeht. Dann hat der Seestern ein leichtes Spiel.

Durch solche Maßnahmen und die massive Verschlechterung der Wasserqualität ist der Bestand der Miesmuscheln in den letzten Jahrzehnten massiv zurückgegangen. Denn natürlich nehmen die Muscheln beim Filtern auch Schadstoffe auf und lagern diese in ihrem Gewebe ein: Schwermetalle, Pestizide aus der Landwirtschaft und andere Gifte. Einige Untersuchungen gehen davon aus, dass es heute nur noch zehn Prozent des ursprünglichen Bestands an Miesmuscheln gibt. Ein unvorstellbares Desaster, wenn man sich vor Augen hält, wie wertvoll der Lebensraum einer Miesmuschelkolonie für andere Bewohner ist und welch immense »Reinigungsleistung« diese Tiere übernehmen.

Wie sehr sich diese Entwicklung immer mehr selbst beschleunigt, zeigt sich vielleicht auch an folgender Beobachtung. Mehr durch Zufall werden Martina und Manuel Zeuge einer Massenattacke durch Seesterne. Ihre Kameras filmen, wie Hunderte Seesterne über die Muscheln herfallen. Unsere Idee, die Kolonie im Zeitraffer zu filmen, zeigt hier ihre Früchte. Für uns und später die Zuschauer ein gigantisches Spektakel.

Doch wie kommt es zu solchen Invasionen? Unsere Recherchen dazu waren nicht eindeutig, man kann also nur spekulieren. Vielleicht werden die Miesmuscheln immer weniger, während die Seesternpopulation stabil bleibt? Die Heerscharen von Räubern würden also von den wenigen verbliebenen Miesmuscheln regelrecht angezogen. Aber wie gesagt, das ist reine Spekulation.

Ein einzelner Seestern kann eine Muschelkolonie kaum bedrohen. Ab und zu es kommt aber zu einem regelrechten »Massenangriff«.

EIDERENTEN

SOMATERIA MOLLISSIMA

»Auf den Inseln gibt es einen Feind,
dem die Eiderenten nirgendwo
entkommen können: Möwen!«

Noch verharrt das Eiderentenküken unter dem schützenden Flügel der Mutter. Doch schon bald steht ihm eine gefährliche und lange Reise bevor.

GEFAHR AUS DER LUFT

Eiderenten auf den Erbseninseln

Östlich der dänischen Insel Bornholm liegen die Erbseninseln (Ertholmene). Sie bestehen aus mehreren kleinen Inseln, eine davon ist Frederiksø. Schon aus der Luft ist sie unverkennbar, denn sie ist von einer dicken und bis zu fünf Meter hohen Befestigungsmauer umgeben. Im 17. Jahrhundert baute der dänische König die Erbseninseln zu einem Militärstützpunkt aus.

Jedes Jahr im April kommen Hunderte von Eiderenten hierher, um zu brüten. Schon von Weitem kann man überall die Balzrufe der Männchen hören. Anders als die überwiegend braun gefärbten Weibchen sind die Erpel schwarz-weiß und haben ein leicht rosafarbenes Brustgefieder. Die fast 60 Zentimeter großen Männchen recken sich nun überall aus dem Wasser, um den Weibchen zu imponieren. Begleitet wird das ganze Spektakel von ihren Balzrufen.

Doch warum kommen die Eiderenten ausgerechnet hierher, auf eine so kleine und abgeschiedene Insel? Auf dem Festland haben sie viele Feinde, Füchse zum Beispiel haben ein leichtes Spiel, ihre Nester auszurauben. Daher ziehen sie sich in der Brutzeit häufig auf kleine Inseln oder abgeschiedene Lebensräume zurück, die für ihre Widersacher nicht erreichbar sind. Die meisten der Enten, die auf den Erbseninseln brüten, kommen von Bornholm hierher, um dem Druck der Räuber zu entgehen. Doch ganz gelingt ihnen das auch hier nicht, denn auf den Erbseninseln gibt es einen Feind, dem sie nirgendwo entkommen können: Möwen! Finden diese räuberischen Vögel ein unbewachtes Nest, machen sie kurzen Prozess und fressen die abgelegten Eier.

Als Manuel und Martina auf Frederiksø ankommen, werden sie gleich Zeugen, wie gnadenlos die Möwen sind. Vor ihren Augen stehlen sie die Eier aus einem verlassenen Nest. Bevor die Kameras richtig aufgebaut sind, ist die Möwe schon mitten in der Arbeit. In aller Ruhe pickt sie sich ein Ei nach dem anderen aus dem Nest. Ein erbostes Eiderentenweibchen, das versucht, die Möwe auf Distanz zu halten, taucht nicht auf.

Die schwierige Frage des Brutplatzes

Aber warum ist das Nest überhaupt verlassen? Die Antwort darauf ist komplexer, als man zunächst annehmen möchte. Um den Eierraub zu vermeiden, haben die Eiderenten bestimmte Verhaltensweisen erlernt. Die Weibchen verlassen ihr Nest so gut wie nie. Nur in der Nacht machen sie eine Ausnahme, um etwas zu trinken. Nahrung nehmen sie aber auch dann nicht zu sich. Vom Ablegen der Eier bis zum Schlupf der Küken dauert es fast einen Monat. Eine lange Zeit, in der sie ausschließlich von ihren Reserven zehren.

Zudem scheint es hier auf Frederiksø zwei Strategien bei der Wahl des Brutplatzes zu geben. Einige

▲ Kaum ist die Mutter mit ihren Jungen auf dem Weg zum Meer, wecken sie das Interesse hungriger Möwen.

Weibchen entscheiden sich für die Nähe zum Meer und brüten nur wenige Meter von der Ostsee entfernt. Meist auf oder vor der hohen Befestigungsmauer, die die Insel umgibt. Der Vorteil: Sind die Jungen erstmal geschlüpft, haben sie nur eine kurze Strecke zu überwinden, um zum Wasser zu gelangen. Prinzipiell eine gute Idee, denn die Möwen stellen auch den Jungen gnadenlos nach. Noch flugunfähig sind sie ein leichtes Spiel für die gefräßigen Vögel. Es gibt aber auch einen entscheidenden Nachteil für die ufernahen Brüter: Hier sind die Weibchen der Witterung extrem ausgesetzt. Wind, Regen und direkte Sonneneinstrahlung rauben den werdenden Müttern unheimlich viel Energie und so manche muss aufgeben, bevor der Nachwuchs geschlüpft ist.

Was dann passiert, haben Martina und Manuel gerade miterlebt. Als sie die Insel im Verlauf der weiteren Dreharbeiten genauer kennenlernen, finden sie dann auch die Weibchen der verlassenen Nester. Sie sind tot. Nicht nur ein einzelnes Entenweibchen, sondern immer wieder finden sie auf der Insel tote Tiere. Sie haben die lange Zeit ohne Nahrung und ohne Schutz vor der Witterung nicht überstanden. Das Dilemma: Sie konnten nicht einmal für Nachwuchs sorgen.

Die Entenweibchen, die im Inselinneren brüten, haben dieses Problem kaum. Hier können sie sich unter dichten Büschen verstecken. Die Pflanzen bieten nicht nur Schutz vor Sonne und Witterung, die meisten Nester bleiben dadurch auch von den

Die idyllischen Erbseninseln bieten zahlreichen Vogelarten ein ideales Brutgebiet abseits des Festlandes. Hier gibt es keine Fressfeinde wie Füchse oder Katzen.

Möwen unentdeckt. Doch mit dieser vermeintlichen Sicherheit kommt ein anderes Problem: Den Küken steht ein regelrechter Gewaltmarsch zum Meer bevor. Über Stock und Stein geht es Richtung Ostsee und am Ende steht dann die bis zu fünf Meter hohe Befestigungsmauer auf der Liste ihrer Herausforderungen. Alles in allem nicht nur anstrengend, sondern auch äußerst gefährlich, denn auf dem gesamten Weg lauern schon die Möwen, um eines der Küken zu packen. Ein regelrechter Spießrutenlauf.

Nahrung wird immer knapper

Egal ob die werdenden Mütter nun am Ufer oder im Inselinneren nisten, sie alle müssen eine lange Zeit ohne Nahrung durchhalten, und das wird seit einigen Jahrzehnten immer mehr zu einem Problem.

Die bevorzugte Nahrung der Eiderenten sind Miesmuscheln. Die Vögel sind exzellente Taucher, und so ist es für sie ein Leichtes, sich die Schalentiere vom Meeresgrund zu picken. Die Miesmuschel wird dann im Ganzen verschluckt und die Schale später wieder ausgeschieden. Was aber im Inneren der Muschel ist, das weiß die Ente nicht. Der Bestand der Miesmuscheln ist in den letzten Jahrzehnten nicht nur dramatisch zurückgegangen, sie sind auch immer weniger nahrhaft für die Eiderenten. Das liegt vor allem an der globalen Erwärmung. Durch die steigende Wassertemperatur bleibt die Miesmuschel auch im Winter aktiv, anstatt wie in der Vergangenheit ihren Stoffwechsel in dieser Zeit herunterzufahren. Das ist sinnvoll, denn in der kalten Jahreszeit gibt es kaum Nahrung für sie. Nun aber bleiben sie auch im Winter aktiv und nehmen immer mehr ab, infolgedessen befindet sich weniger nahrhaftes Muschelfleisch unter der Schale. Die Eiderenten fressen eine Mogelpackung, ohne es zu wissen. Viele von ihnen kommen bereits unterernährt nach Frederiksø. Da sie dann in der langen Brutzeit keine Nahrung mehr aufnehmen, kommen sie schnell an ihre Grenzen.

▾◂ Das tägliche Patrouillieren der Silbermöwe hat sich gelohnt. Sie hat ein unbewachtes Nest entdeckt. Immer häufiger müssen die Eiderentenmütter ihre Nester aufgeben, weil sie selbst unterernährt sind.

Gefährlicher Familienausflug

Seit Tagen beobachten Martina und Manuel nun das Nest eines Weibchens, das unter einem Busch im Inselinneren brütet. Die Küken sind bereits geschlüpft, und heute machen sie sich auf in Richtung Meer. Normalerweise schließen sich auf diesem Weg mehrere Mütter mit ihren Kindern zusammen, um den angreifenden Möwen kein leichtes Ziel zu bieten. Es entstehen so regelrechte Kindergärten. Doch diese Mutter ist spät dran, sie muss den Weg mit ihren Jungen nun allein bewältigen. Ihre größte Herausforderung: Die hohe Steinmauer, die die Insel fast vollständig umgibt. Da der Weg dahin für die Kameraleute vorhersehbar ist, bringen sie sich sofort in Position. Während es für die Mutter ein Leichtes ist, die hohe Mauer hinabzuspringen, bleibt es für die noch flugunfähigen Küken eine unglaubliche Herausforderung. Doch zögern dürfen sie nicht. Hinter sich entdecken die beiden plötzlich eine Möwe. Sie nähert sich sehr schnell. Und so kommt es, wie es kommen muss. Die Möwe packt sich eines der zögernden Küken und fliegt mit ihrer Beute davon. Erschrocken von dem Angriff lassen sich nun die anderen Küken in die Tiefe fallen. Doch bevor das letzte hinunterstürzt, ist bereits die nächste Möwe da. Sie packt das Kleine am Hals. Mit Füßen und

▲ Zwangsdiät: Die Weibchen verlieren beim Brüten mehr als ein Drittel ihres Gewichts.

➤ Die Vegetation im Inselinneren bietet Schutz, doch der Weg zum Meer ist gefährlich lang.

Flügeln strampelnd wehrt es sich, doch es hat keine Chance.

Der Rest der Familie schafft es tatsächlich bis zur Ostsee. Hier schließen sie sich den anderen Familien an. Das bedeutet vor allem mehr Sicherheit für den Nachwuchs. Sofort beginnen die kleinen Enten mit der Nahrungsaufnahme. Doch lange können sie hier nicht bleiben.

Das neue Motto lautet: Schnell zurück nach Bornholm. Nur auf der etwa 20 Kilometer entfernten, viel größeren Insel finden die ausgehungerten Weibchen ausreichend Nahrung. Der Weg dahin wird schwimmend zurückgelegt, da die Küken noch flugunfähig sind. Plötzlich auftretende Winde und Strömungen sind dabei die größten Gefahren. Wer die mehrere Tage andauernde Schwimmreise überlebt, hat die schwersten Prüfungen seines Lebens gemeistert. Man vermutet aber, dass nur ein Bruchteil der auf den Erbseninseln geschlüpften Küken auf Bornholm ankommt.

Die heutige Gefährdung der Eiderenten hat also kaum etwas mit Räubern wie den Möwen zu tun. Deren Attacken können den Bestand nicht bedeutend dezimieren. Es ist vielmehr der Rückgang ihrer Nahrung. Die Miesmuschelbestände sind durch die Zerstörung der Lebensräume und die Schleppnetzfischerei bereits massiv eingebrochen. Nun bedroht auch noch die globale Erwärmung ihre Gesundheit. Wenn wir das nicht stoppen können, werden wir am Ende auch um die Existenz der Eiderenten fürchten müssen.

› **Die felsigen Ufer** und Mauern der Erbseninseln sind große Hindernisse für die Küken. Bis zu fünf Meter stürzen die Jungen in die Tiefe. Wegen ihres geringen Körpergewichts bleiben sie aber meist unverletzt. Die Mutter hat die Kleinen im Inselinneren aufgezogen, um die Chancen auf eine erfolgreiche Brut zu erhöhen. Die Kehrseite: Der Weg zum Meer ist weit und steinig.

◂ Die Eiderentenmutter ist bereits in die Tiefe gesprungen, um ihren Küken Mut zu machen. Wenn die Jungen an der bis zu fünf Meter hohen Festungsmauer zu lange warten, schlagen die Möwen erbarmungslos zu.

GOTLAND-RINGELNATTERN

NATRIX NATRIX GOTLANDICA

»Erstaunlich, mit welcher Wendigkeit sich die fast einen Meter langen Reptilien im Meer bewegen.«

Mit ihrer Zunge kann die Ringelnatter Gerüche wahrnehmen – nicht nur an Land, sondern auch unter Wasser.

SCHLANGEN, DIE NACH FISCHEN TAUCHEN

Ringelnattern auf Gotland

Eine Schlange, die ausschließlich in der Ostsee jagt? Kann es so etwas geben? Wir waren mehr als erstaunt, als wir bei unseren Recherchen auf die Gotland-Ringelnatter stießen. In einem wissenschaftlichen Papier aus dem Jahr 1981 schreibt der schwedische Professor Claes Andrén von der Existenz dieses ungewöhnlichen Tieres. Nun stehen wir mit eben diesem Mann an dem Ort, wo er das Reptil vor fast 40 Jahren das erste Mal sah. Für Claes eine Reise zurück in Vergangenheit, für uns eine

echte Sensation. Vor uns schwimmen tatsächlich gleich mehrere Nattern in der Ostsee. Und sie sind auf der Jagd. Sofort wird uns klar: Wir haben die Chance, als erstes Filmteam das Leben dieser Schlange zu porträtieren. Was für ein Privileg! Um das Ungewöhnliche dieser Schlange zu erkennen, braucht es zunächst einen Blick auf ihren Lebensraum.

Mit einer Länge von etwa 180 und einer Breite von über 50 Kilometern ist Gotland die größte Insel Schwedens. Noch vor 10 000 Jahren, während der Eiszeit, war sie von Gletschern bedeckt. Nach deren Abschmelzen kam es dann zu einer Anhebung der Landmassen im gesamten Ostseeraum, und so hat sich auch Gotland emporgehoben.

Entscheidender aber für das Leben der Gotland-Ringelnatter ist ein Umstand, der noch viel weiter zurückliegt. Vor fast 500 Millionen Jahren gab es an dieser Stelle ein tropisches Korallenmeer. Die Zeugen dieser Zeit beeindrucken uns sehr. Vielerorts finden wir die sogenannten Rauken, das sind Kalksteinformationen, die dem Zahn der Zeit trotzen konnten, weil sie besonders widerstandsfähig gegen die Erosion sind. Manche sehen aus wie ein Hund, andere

▲ Einzigartig: Die Gotland-Ringelnatter ist die einzige Schlange, die in der Ostsee auf die Jagd geht.

Touristenmagnet: Im Sommer locken die Überreste eines ehemaligen Korallenriffs Tausende Besucher an. Die Millionen Jahre alten Felsformationen werden Rauken genannt.

Es ist erstaunlich, mit welcher Wendigkeit sich die stillen Jäger im Wasser fortbewegen.

wie die Silhouette eines Gesichts. Heute sind die Rauken eine echte Touristenattraktion, aber vermutlich weiß kaum einer der Besucher, dass sie vor Jahrmillionen von kalkbildenden Korallen erschaffen wurden.

Diese Entstehungsgeschichte der Insel hat noch heute einen großen Einfluss auf das Leben der Gotland-Ringelnatter. Das Eiland besteht nämlich zu weiten Teilen aus einem Kalksteinplateau, das von Korallen gebildet wurde. Und der Kalkstein ist porös, er lässt Wasser durch, sodass sich hier kaum große Seen und Teiche finden, wie eine Erkundung der Insel deutlich macht. Claes Andrén zeigt uns diese trockene Landschaft und erklärt auch seine Theorie, warum diese Schlange im Meer jagt: Normalerweise jagen Ringelnattern wie diese nach Fröschen, Kröten und anderen Amphibien. Da es hier nur wenige davon gibt, hatte die Gotland-Ringelnatter keine Wahl: Sie musste einen Weg finden, an Nahrung zu kommen. Irgendwann begannen ihre Vorfahren einfach, im Meer danach zu suchen. Offenbar mit Erfolg, denn dieses Verhalten ist in der Ostsee einzigartig. Und um das zu filmen, sind wir schließlich hierher gekommen.

Sensationelle Aufnahmen

Jeden Morgen sitzen wir nun am Ufer und warten gespannt darauf, dass die Schlangen aus ihrer Nachtruhe erwachen. Wir haben eine kleine Felswand am Ufer entdeckt, die die Schichten des ehemaligen Korallenriffs aufweist. Dazwischen haben sich kleine Hohlräume und Nischen gebildet, wo die Schlangen die Nacht verbringen. Morgens, wenn die Sonne schon ein wenig höher steht, kommen sie träge herausgekrochen und wärmen sich erst einmal ausgiebig auf. Als Kaltblüter haben sie keine andere Chance, um auf »Betriebstemperatur« zu kommen. Erst wenn diese erreicht ist, können sie auf die Jagd gehen. Frustrierend für uns, denn an vielen Tagen passiert einfach gar nichts. Die Sonne ist wohl zu schwach und so manches Mal, wenn wir glauben, dass es nun endlich los geht, zieht eine dichte Wolkendecke auf. Heute aber haben wir Glück! Gleich

mehrere Schlangen gehen auf die Jagd. Erstaunlich, mit welcher Wendigkeit sich die fast einen Meter langen Reptilien im Meer bewegen.

Martina steht schon bereit und folgt ganz vorsichtig einer der Schlangen mit der Unterwasserkamera. Das Schlimmste wäre, wenn wir das Tier jetzt verscheuchen würden, darum muss alles ganz ruhig und vorsichtig ablaufen. Das Wasser ist hier so flach, dass ein Tauchgerät nur hinderlich wäre. Also muss der Schnorchel reichen. Während viele andere Schlangen reine Lauerjäger sind, geht die Gotland-Ringelnatter aktiv auf Beutesuche. Begeistert schauen wir während einer Tauchpause in Martinas Aufnahmen: Die Schlange durchsucht den Untergrund, kriecht unter jeden größeren Stein oder verschwindet zwischen Algen. Zwischendurch sieht man immer wieder, wie sie mit ihrer Zunge mögliche Geruchsstoffe aufnimmt, um potenzielle Beute zu lokalisieren. Die Aufnahmen sind einfach sensationell, so etwas wurde noch nie gefilmt.

▾ Filmarbeit am Ort ihrer Entdeckung: In den 1980er-Jahren wurde die Gotland-Ringelnatter vom Biologen Claes Andrén hier entdeckt.

▴ Mit einer Länge zwischen 55 bis 74 Zentimeter ist diese Schlange deutlich kleiner als unsere heimische Ringelnatter.

Auch an Land sind wir mit unseren Kameras erfolgreich. Gleich zweimal an diesem Tag können wir filmen, wie eine Schlange mit ihrer Beute an Land schwimmt. In beiden Fällen hat sie eine etwa 12 bis 15 Zentimeter große Grundel erbeutet. Zu sperrig, um sie zu schlucken, windet sich die Schlange die felsige Uferböschung hinauf, um ihre Beute zu sichern. Erst hier an Land beginnt sie dann mit dem Verschlingen des Fisches. Geschickt wendet sie ihn so, dass er – Kopf voran – gefressen werden kann. Dazu hakt sie den unteren Kiefer aus. Ein langwieriger Vorgang, der sofort Dutzende von Fliegen anlockt. Zwischen 15 und 20 Minuten dauert es, bis die Beute dann komplett vertilgt ist.

Stürmische Bedingungen können zur unüberwindbaren Herausforderung werden.

Als Kaltblüter, wie alle Reptilien, müssen sich die Gotland-Ringelnattern erst einmal am Morgen in der Sonne aufwärmen, bevor sie auf die Jagd gehen können.

Ein äußerst erfolgreicher Drehtag, aber das bleibt nicht so. Viele Tage vergehen und es passiert – einfach gar nichts.

Ein riesiger Glückstreffer

Zum Ende unserer Reise schlägt dann plötzlich das Wetter um. Es wird kühler, fängt an zu regnen und auch der Wind nimmt zu. Von den Schlangen ist nun nichts mehr zu sehen. Tagelang heißt es nun: warten. Immer wieder blicken wir aufs Meer oder suchen die Ufer ab. Und genau dabei machen wir eine interessante Entdeckung. Geschützt unter einem Steinhaufen entdecken wir gleich sechs Schlangen. Sie alle scheinen sich zu einem Knäuel vereint zu haben. Wir haben den Eindruck, dass sie sich gegenseitig wärmen. Doch schon bald ändert sich ihr Verhalten. Seltsame Zuckungen und Geräusche dringen aus der kleinen Felsnische. Jetzt wird klar: Die Schlangen paaren sich! Unfassbar, wie viel Glück wir haben, das hat sogar Claes Andrén noch nie gesehen. Und gefilmt wurden solche Szenen natürlich auch noch nie.

Zwei Tage später verlassen wir Gotland hoch zufrieden, konnten wir doch einen der außer-

▲ Ihre Beute muss die Schlange schnell an Land bringen. Nur dort ist es ihr möglich, ihren großen Fang zu verschlingen.

◂ Exzellente Taucherin: Die Gotland-Ringelnatter kann ihre Luft mehr als 15 Minuten lang anhalten. Doch das kalte Wasser zwingt sie meist schon vorher zum erneuten Aufwärmen.

gewöhnlichsten Bewohner der Ostsee erstmalig porträtieren. Ein Tier, das durch die Entstehungsgeschichte dieses Meeres extrem geprägt wurde, sich den speziellen Anforderungen auf Gotland anpassen konnte und dadurch eine ganz besondere Jagdstrategie entwickelte: Die Gotland-Ringelnatter wurde zum einzigen Reptil, das ausschließlich in der Ostsee auf die Jagd geht.

ERDKRÖTEN

BUFO BUFO

»Nie hätten wir vermutet, dass ihr Leben so spannend und facettenreich ist. Und niemals hatten wir zu träumen gewagt, solch unglaubliche Filmaufnahmen zu bekommen.«

Die Erdkröte gehört zu einer der am häufigsten und weitest verbreiteten Amphibienarten Europas. Sie ist extrem anpassungsfähig.

FASZINIEREND NEUE EINBLICKE

Erdkröten in der Kurischen Nehrung

Überall um uns herum laufen und hoppeln sie, es sind Hunderte. Sie kommen unter Baumstümpfen hervor, krabbeln aus dem Laub oder aus Erdlöchern heraus. Es sind Erdkröten! Sie alle haben nur ein Ziel: Sie wollen ins Wasser, um sich zu paaren. Ort dieses Geschehens ist eine einzigartige Landschaft an der Ostseeküste: Die Kurische Nehrung in Litauen. Ein fast 100 Kilometer langer und sehr schmaler Dünenriegel trennt die Ostsee von der auf der anderen Seite liegenden Brackwasserlagune.

Der höchste Punkt der Dünen erreicht mehr als 70 Meter Seehöhe. Wandert man zwischen ihnen, kommt man sich fast vor wie in der Sahara. Entstanden ist die unglaubliche Landschaft am Ende der Eiszeit, als sich die Gletscher zurückzogen. Somit ist sie erst vor wenigen Tausend Jahren entstanden. Gespeist wird sie von vielen kleinen und einem wirklich großen Zufluss: der Memel. Das Haff ist nur maximal fünf Meter tief und das Wasser dort ein Gemisch aus Süß- und Salzwasser. Eben typisch Ostsee. Aber wie kommt es, dass Erdkröten im salzigen Wasser der Kurischen Nehrung vorkommen? Normalerweise kennen wir sie doch eher aus Tümpeln, Teichen und Seen.

Erdkröten gehören zu den häufigsten Amphibien Europas. Man findet sie fast überall, vom Tiefland bis hinauf in 2000 Meter Höhe. Sie sind deshalb so erfolgreich, weil sie so anspruchslos sind. Der Salzgehalt im Kurischen Haff ist extrem niedrig, doch sie kommen offenbar auch damit zurecht. Wirklich wichtig ist diese Fähigkeit aber nur, wenn es um die Paarung und die Entwicklung ihrer Nachkommen geht, denn einen Großteil ihres Lebens verbringen sie als nachaktive Jäger an Land.

»Erdkröten gehören zu den häufigsten Amphibien Europas. Man findet sie fast überall, vom Tiefland bis hinauf in 2000 Meter Höhe.«

Dramatisches Paarungsverhalten

Am nächsten Tag widmen wir uns nun ganz der eigentlichen Paarung der Kröten. Unter Wasser bietet sich uns ein wahres Spektakel. Dutzende von Männchen sind wie in einem Rausch. Sie sind offensichtlich so hormongesteuert, dass sie sich an alles klammern, was sich irgendwie bewegt. Was keiner von ihnen realisiert: Die meisten anderen sind ebenfalls Männchen, und so kommt es zu regelrechten Ringkämpfen. Sie tanzen miteinander, sie heften sich aneinander und wirken irgendwie ein bisschen

▲ Ein Männchen hält das viel größere Weibchen umschlungen und wartet, bis es bereit ist, die Eier abzulegen.

◀ Lebensgefahr: Haben zu viele Männchen das Weibchen umschlungen, droht es zu ertrinken.

verpeilt. So manches Mal muss sie mein Team sogar von den Unterwasserkameras lösen, weil sie selbst hier nach »Anschluss« suchen.

Was anfänglich etwas Lustiges oder Kurioses für uns hat, wandelt sich bald in Tragik. Eines der Männchen hat tatsächlich ein Weibchen entdeckt. Er hält sich auf ihrem Rücken fest und hat offenbar

Die Kurische Nehrung: Mit 98 Kilometer Länge ist das Relikt aus der Eiszeit der zweitlängste Dünenriegel der Welt.

nur eines im Kopf: sie nie wieder loszulassen. Das bleibt nicht unbemerkt. Fünf weitere stürzen sich auf das Weibchen. Nun umklammern sie schon ein halbes Dutzend. Das erste Männchen hat sich mittlerweile um den Hals der Auserwählten geschlungen, während die anderen Bewerber sich an ihm festhalten. Das Weibchen bekommt nun keine Luft mehr. Es bäumt sich auf, windet sich hin und her, aber die Last der Männchen ist zu groß. Es hat keine Chance, an die Oberfläche zu kommen, um zu atmen.

Es sind genau diese Situationen, die uns Filmemacher immer wieder emotional treffen. Auf der einen Seite möchten wir helfen und am liebsten das Knäuel entwirren. Auf der anderen Seite wissen wir, dass wir in die Natur nicht eingreifen dürfen. Ein Dilemma. Und so kommt es auch hier, wie es kommen muss. Wenige Minuten später weicht das Leben aus dem Weibchen. Das Knäuel aus Kröten kippt nun langsam und liegt am Ende flach auf dem Grund. Ein letztes Zucken durchfährt das Weibchen – dann ist es tot.

Als wir am nächsten Morgen wieder zum Drehort fahren, treibt das Krötenweibchen leblos an der Wasseroberfläche. Ein Männchen umschlingt es noch immer. Der Paarungstrieb ist so groß, dass es nicht loslassen kann. Manche Weibchen haben es geschafft, sie konnten die anderen Bewerber abschütteln. Überall in der Unterwasser-Vegetation finden wir nun die Krötenpärchen. Einige Weibchen haben bereits mit der Eiablage begonnen. In gleich zwei Strängen legen sie die Eier zwischen die Unterwasserpflanzen. Wie Girlanden hängen diese Schnüre nun in der Vegetation. Manchmal sind sie meterlang, denn jedes Weibchen kann mehrere Tausend Eier produzieren.

Nicht schlecht, der Hecht!

Knapp zwei Monate später sind wir wieder hier vor Ort. Unter Wasser bietet sich nun ein ganz anderes Bild: Zehntausende von Kaulquappen hängen wie Mini Weihnachtskugeln in den Pflanzen, es ist ein unglaublicher Anblick. Durch unsere Makro-Objektive können wir filmen, wie die nur erbsengroßen Tiere die Oberflächen der Pflanzen nach Algen abweiden. Zur Fortbewegung haben sie eine Schwanzflosse, mit der sie sich Vortrieb verschaffen, wenn sie den Ort wechseln wollen. Ein wildes Gewusel in der sonst fast leblosen Unterwasserlandschaft.

Auch als ein großer Hecht vorbeikommt, ändert sich ihr Verhalten nicht. Für ihn sind die kleinen Kaulquappen uninteressant. Oder doch nicht? Der Hecht legt sich unvermittelt auf den Grund, direkt neben der Ufervegetation. Schon bald schwimmen die ersten Kaulquappen heran, nagen auf seiner Hautoberfläche, schwimmen in seine Kiemen und einige sogar in sein leicht geöffnetes Maul. Irgendwie erinnert uns das an eine Putzerstation im Meer, wo es gang und gäbe ist, dass sich zum Beispiel Fische und Schildkröten von anderen säubern lassen. Meist entfernen diese Putzer Parasiten oder Hautschuppen. Aber was beobachten wir hier? Genau können wir das Verhalten nicht interpretieren und auch eine Recherche im Internet hilft uns nicht weiter.

Während die kleinen Kaulquappen den übermächtigen Hecht offenbar nicht fürchten müssen, so gibt es doch ein Tier, auf das sie achtgeben müssen. Überall am Grund der Nehrung laufen kleine »Ästchen« über den Sand. Ein seltsames Schauspiel. Beim näheren Betrachten durch unsere Makro-Objektive entpuppen sich diese Ästchen als Köcherfliegenlarven. Die Larven dieser Fliege durchlaufen eine Metamorphose: Den ersten Teil ihres Lebens verbringen sie unter Wasser. Dort schaut meist nur der mit großen Fresswerkzeugen bewehrte Kopf unter einem kleinen Ast hervor. Beim näheren Betrachten erkennt man, dass die Tiere von einem selbst gebauten Köcher umgeben sind, den sie zur Tarnung mit kleinen Stöckchen und Bodensedimenten beklebt haben. Als Schutz vor Fressfeinden! Dabei sind sie selbst alles andere als harmlos, denn sobald sie eine Kaulquappe in ihre Fänge bekommen, machen sie kurzen Prozess.

▾ Dieses Männchen hat Glück gehabt. Bereits auf dem Weg ins Wasser hat er ein paarungswilliges Weibchen ergattert.

› Fest im Griff: Das Männchen muss verhindern, dass andere sich mit »seinem« Weibchen paaren.

◂ Mehrere Tausend: In einem meterlangen Doppelstrang werden die Eier an der Ufervegetation befestigt. Das auf dem Weibchen sitzende Männchen befruchtet dabei das Gelege.

Mit ihren kräftigen Greifwerkzeugen können sie ihre Beute mühelos packen und der Erdkrötennachwuchs wird lebendig verschlungen. Wieder sind es »harte« Bilder, die wir durch unsere Kameras sehen.

Fleischfressende Kaulquappen

Doch die Kaulquappen selbst sind auch nicht ohne. Nach einigen Wochen stellen sie sich auf andere Nahrung um. Nun lockt ein neuer Duft: Fleisch. Wo immer sie ein verendetes Tier am Grund entdecken, gehen sie gleich zur Sache. Zuerst waren wir geschockt, als wir gleich mehrere Kaulquappen entdeckten, die an einem verendeten Erdkrötenweibchen knabberten. Irgendwie hatte das etwas Kannibalisches. Aber so ist die Natur.

Die Kaulquappen sind in den letzten Tagen immer größer und agiler geworden, und damit veränderte sich auch ihr Verhalten. In großen Gruppen versammeln sie sich jetzt in Mulden oder unter Pflanzen. Mehrfach werden wir Zeugen, wie sie dann – wie auf ein geheimes Zeichen hin – ausschwärmen. Manche Kaulquappen-Schwärme bestehen aus vielen Hundert Tieren. Wie eine überdimensionale Amöbe bewegen sie sich dann durch die Unterwasserwelt. Eines der erstaunlichsten Schauspiele, die wir je gesehen haben.

In wenigen Wochen werden ihnen Beine wachsen, sie werden an Land gehen, um dort ein Leben im Küstenwald der Kurischen Nehrung zu führen. Wir verabschieden uns von den Erdkröten mit einem sehr zufriedenen Gefühl. Nie hätten wir vermutet, dass ihr Leben so spannend und facettenreich ist. Und niemals hatten wir zu träumen gewagt, solch unglaubliche Filmaufnahmen zu bekommen.

▸ **Ein unscheinbarer Feind:** eine Köcherfliegenlarve auf der Jagd nach Kaulquappen

▴ **Kaulquappen ernähren** sich anfangs rein vegetarisch.

▸ **Große Hechte** müssen die Kaulquappen nicht fürchten. Im Gegenteil, sie scheinen sie von toten Schuppen zu befreien.

SEEHASEN

CYCLOPTERUS LUMPUS

»Großartige Schwimmer sind sie nicht, denn sie bewohnen den Boden unserer Meere. Und doch sind diese drollig wirkenden Gesellen schon immer meine persönlichen Lieblingsfische der Ostsee gewesen.«

Gast aus der Tiefe: Im Frühjahr kommen die Seehasen in die flachen Uferregionen, um hier für Nachwuchs zu sorgen.

AUFOPFERUNGSVOLLE VATERLIEBE

Seehasen bei Bad Doberan

Ich bin absolut verzweifelt! Egal wohin ich auch fahre, egal wie viel Aufwand ich betreibe, ich kann sie einfach nicht finden: meine Lieblingstiere, die Seehasen. Seehasen sind äußerst plumpe Fische, sie haben einen gedrungenen, fast kugelig wirkenden Körperbau und werden bis zu 60 Zentimeter groß. Die Tiere in der Ostsee sind aber viel kleiner. Großartige Schwimmer sind sie nicht, denn sie bewohnen den Boden unserer Meere. Und doch sind diese drollig wirkenden Gesellen schon immer meine persönlichen Lieblingsfische der Ostsee gewesen.

Meine Liebe zu diesen Tieren nahm ihren Anfang in der kleinen Küstenstadt Heiligenhafen an der deutschen Ostseeküste. Meine Eltern hatten Ende der 1960er-Jahre gerade mit dem Segeln begonnen, und unser erstes Familienschiff fand in Heiligenhafen seine Heimat. Ich war etwa acht Jahre alt, als ich mit meinem Vater eines Tages Ende März zum Fischereihafen ging. Dort legten morgens die Fischer an und präsentierten ihre Ware. Auf einem Holztisch vor den Schiffen lagen Schollen, Dorsche und allerlei andere Fische, die ich noch nicht näher identifizieren konnte. Ins Auge fielen mir aber sofort einige orangefarbene, klumpig geformte Fische, die anders als die anderen nicht auf einer Körperseite, sondern bäuchlings, also aufrecht, auf der Auslage präsentiert wurden. Die großen Glupschaugen starrten mich regelrecht an. »Das sind Seehasen, mein Junge«, sagte der Fischer in für mich kaum verständlichem Plattdeutsch. In den folgenden Jahren sah ich diese Szenerie immer wieder. Manchmal waren auch ganz dunkle Seehasen dabei, man schlitzte sie einfach auf und entnahm ihnen die Eier. Das waren die Weibchen, wie ich später erfuhr. Für mich war es einfach grausam, das mitanzusehen, und von da an besuchte ich den Fischereihafen nur noch selten. Heute weiß ich, dass die Eier der Weibchen als »deutscher Kaviar« vermarktet auf unseren Tisch kommen. Niemals habe ich ihn wissentlich probiert und lehne es noch immer ab. Warum? Das ist eine lange Geschichte …

Kampf um den Nachwuchs

Anfang der 1980er-Jahre begann ich mit dem Tauchen und belegte meeresbiologische Seminare. Mein Wissen über die Unterwasserwelt vertiefte sich zusehends und es dauerte nicht lange, bis ich wieder einem Seehasen begegnete. Diesmal unter Wasser. Reglos saß da ein orangefarbenes Männchen am

◂ **Das Männchen** ist auf der Suche nach einem Laichplatz. Nur auf festem Grund kann sein Weibchen später ihre Eier anheften.

▸ **Bis zu 200 000 Eier:** Nur ein Bruchteil wird die ersten Wochen überleben.

Meeresgrund und bewachte seine Nachkommen. Als ich auf einen Meter herankam, schoss es plötzlich auf mich zu und »boxte« mir mit seiner Schnauze direkt auf die Tauchmaske. Dieses Spiel wiederholte sich, wann immer ich ihm zu nahe kam. Nur wenige Meerestiere verteidigen ihre Nachkommen mit solcher Vehemenz, und in der Ostsee sucht dieses Verhalten seinesgleichen.

Tatsächlich sind Seehasen unfassbar aufopferungsvoll. Schon mehrfach konnte ich die Männchen mehr als sechs Wochen lang dabei beobachten, wie sie ihre Nachkommen beschützen. Gleich nach der Eiablage verlässt das Seehasen-Weibchen seinen Partner, denn eigentlich leben Seehasen in viel tieferen Gewässern und kommen nur zur Eiablage in die flachen Küstenregionen. Der Vater hat hier allein für das Gelege zu sorgen. Liebevoll »pustet« er mit seinem Mund frisches Wasser auf die orangefarbenen Eier. Nur so werden sie ausreichend mit Sauerstoff versorgt. Sollten doch einmal einige Eier absterben oder verpilzen, sortiert er sie vorsichtig aus, um die anderen nicht zu gefährden. In dieser Zeit nimmt das Männchen keine Nahrung zu sich und wird entsprechend immer dünner. Im Laufe der kommenden Wochen wird er viele Angreifer abwehren müssen. Wie und mit welcher Vehemenz er das tut, machte ihn schon in den 1980er-Jahren zu dem für mich spannendsten Tier der gesamten Ostsee.

Ein glückliches Wiedersehen

Doch nun, wir schreiben das Jahr 2020, sieht die Welt ganz anders aus. Immer wieder gehe ich meine Tauch-Logbücher aus den 1980er- und 1990er-Jahren durch. Damals hatte ich jede Begegnung mit Seehasen akribisch dokumentiert. Mit meinem Team suche ich all die alten Tauchplätze ab, an denen ich jemals

welche gesehen habe. Wochen gehen ins Land, ohne dass wir auch nur einen einzigen entdecken. Weder in der Flensburger Förde, der Lübecker Bucht noch auf Fehmarn oder in der Kieler Bucht. Was war passiert? War die Zahl der Seehasen so zurückgegangen? Wurden sie überfischt oder fielen sie den veränderten Umweltbedingungen zum Opfer?

Verzweifelt telefoniere ich alle Tauchbasen an der Ostseeküste ab – keiner kann mir helfen. Endlich stoße ich in den Sozialen Medien auf das Profil von Uwe Schmähling. Unter dem Pseudonym »Ostsee_cousteau_us« hat er viele Videos von Seehasen hochgeladen. Der Kontakt ist schnell hergestellt und wenige Tage später bin ich bei ihm in Bad Doberan.

Unser erster gemeinsamer Tauchgang führt uns direkt ans Ufer bei Börgerende. Die Unterwasserwelt hier ist völlig anders, als ich es je gesehen habe. Als hätte ein japanischer Zen-Meister mit einem 100 Meter langen Kamm den Meeresgrund bearbeitet. Die wallartigen Erhebungen erreichen an manchen Stellen zwei Meter Höhe und verlaufen alle in eine Richtung. Es sind Mergelbänke, wie mir Uwe später erklärt, ein Relikt aus der Eiszeit. Die gleichmäßige Ausrichtung bewirkten die voranschiebenden Gletscher. Der Anblick ist einfach unglaublich.

Aber es kommt noch besser: Vor einem dieser Wälle sehe ich das leuchtend orangefarbene Laichkleid eines Seehasen-Männchens. Endlich! In diesem Moment könnte ich Uwe einfach nur umarmen. Das Tier ist etwa 300 Meter vom Strand entfernt auf fünf Meter Tiefe. Beste Bedingungen für das Filmen. Mir wird sofort klar: Das ist unsere Chance. Uwe setzt eine Markierungsboje an die entsprechende Stelle, sodass wir schon vom Strand aus sehen können, wo sich das Tier befindet. In den kommenden Tagen verlegen Uwe und sein Freund Heiko Hahn extra ein Führungsseil

direkt vom Strand bis zum Seehasengelege. Extrem wichtig, denn sollten die Sichtbedingungen unter Wasser schlechter werden oder gar ein Sturm aufkommen, würden wir den Seehasen nie wieder finden.

Geschichte ohne Happy End

Als ich wenige Tage später wieder beim Seehasen bin, zeigt sich seine aufopferungsvolle Art in vollem Umfang. Gerade konnte sich ein Seestern seinem Gelege unbemerkt nähern und beginnt bereits, die Eier des Seehasen zu fressen. Den Eindringling zu entfernen ist alles andere als einfach, denn der Seestern hat die Eier fest mit seinen Saugfüßen umklammert. Würde der Seehasen-Vater den Seestern mit dem Maul packen wollen, so würde das Eigelege vermutlich zerreißen. So vermute ich

▲ Im Frühjahr erwacht die Strandkrabbe aus ihrer Winterstarre. Nun braucht sie Nahrung.

◂ Wehrhafter Vater: Entdeckt der Seehase die Strandkrabbe, wird sie gepackt und entfernt.

zumindest. Wieder versucht er es mit »Pusten«. Fast zwei Minuten dauert es, dann löst sich der Seestern tatsächlich. Schnell packt der Seehase den Angreifer mit seinem Maul und schwimmt mit ihm etwa zehn Meter davon. Erst dann lässt er den Eindringling frei. Dieses aufreibende Spiel wiederholt sich in den nächsten Tagen immer wieder.

Zwei Wochen später hat das Männchen schon sichtlich abgenommen, und auch die orangefarbene Laichfärbung ist nur noch schwach. Auf seinem Körper bilden sich bereits Grünalgen, die im lichtdurchfluteten Flachwasser schnell wachsen. Das Wasser hat sich deutlich erwärmt, und das ist der Weckruf für ein ganz anderes Tier: die Strandkrabbe. Von überall kommen die Krebstiere nun her und setzen dem Seehasen kräftig zu. Die flinken Krabben bleiben bis zum letzten Moment in Deckung und stehlen dann immer wieder Fischeier. Der Vater ist außer sich: Wieder packt er die Krabben mit dem Mund und bringt sie ebenso wie die Seesterne möglichst weit weg von seinem nun zusehends geschrumpften Gelege. Es ist ein dramatischer Kampf ums Überleben, den ich mit der Kamera dokumentieren darf, und meine Hochachtung vor diesem Fisch wächst täglich.

Noch in derselben Nacht braut sich ein Sturm vor der Küste zusammen. Zwei Tage lang macht er jegliches Tauchen fast unmöglich. Als ich dann drei Tage später wieder meinen kleinen Helden besuche, kommen mir fast die Tränen. Sichtlich erschöpft liegt er schräg am Grund vor seinem Gelege. Erst bei näherem Hinsehen bemerke ich: Es gibt keine Eier mehr! Vermutlich hat der Sturm das restliche Eipaket davongespült. Das Männchen begutachtet noch einmal die Stelle, an der einst seine Nachkommen waren, dann dreht es sich um und verschwindet für immer in den Tiefen der Ostsee. Es ist einer der traurigsten Momente, die ich bei Dreharbeiten jemals erlebt habe. Vielleicht deshalb, weil ich über Wochen Zeuge der außerordentlichen Bemühungen dieses Seehasen wurde.

Diese Geschichte hat kein Happy End und dennoch gehört sie zu den stärksten unserer Filmreihe. Aber vielleicht berührt sie uns genau deshalb so besonders: Egal wie sehr wir uns auch bemühen, nicht immer gelingt alles im Leben. Das gilt eben nicht nur für Seehasen.

Doch gerade jetzt wäre eine erfolgreiche Aufzucht der Jungen wichtiger denn je. Untersuchungen ergaben, dass der Bestand der Seehasen in der deutschen Bucht um mehr als 70 Prozent zurückgegangen ist. Die Weibchen werden gezielt gefischt, aufgeschlitzt, ihre Eier werden entnommen und landen dann als »deutscher Kaviar« in unseren Regalen. Neben der grundsätzlich unverantwortlichen Verschmutzung der Meere, werden seit Jahrzehnten auch die Kinderstuben der Seehasen-Jungen zerstört: Der Abbau von Sand und Kies in der Ostsee raubt ihnen ihren Lebensraum. Dort, wo Bagger und Saugrüssel in der Tiefe arbeiten, wachsen auch Seegras und Meeresalgen, in denen sich die kleinen Seehasen in den ersten Jahren ihres Lebens verstecken. Nicht nur wegen der Seehasen, sondern grundsätzlich unterstützen wir die Idee, sogenannte Nullnutzungszonen in der Ostsee einzurichten. Das sind Zonen, in denen die Natur sich komplett allein überlassen wird, und die für jegliche wirtschaftliche Nutzung gesperrt sind.

› **Mehrere Wochen** muss das Seehasen-Männchen auf sein Gelege aufpassen. In dieser Zeit nimmt es keine Nahrung zu sich.

KEGELROBBEN

HALICHOERUS GRYPUS

»Den Müttern ist es an Land einfach zu warm. Dort droht ihnen ein Hitzschlag. So verbringen sie den Großteil des Tages im kühlen Wasser, anstatt bei ihren Jungen an Land zu sein, um sie zu stillen.«

Babyboom: Jedes Jahr im Februar kommen in Estland Tausende Kegelrobben zur Welt.

VON DER ERDERWÄRMUNG BEDROHT

Kegelrobben auf Saaremaa in Estland

Ein gewaltiger Körper schleppt sich den steinigen Uferhang hinauf. Knapp zwei Meter ist er lang und über hundert Kilo schwer. Der Oberkörper richtet sich auf und ein fast flehender Ruf ertönt. Es ist eine Kegelrobbenmutter, die nach ihrem Jungen sucht. Von allen Seiten laufen nun kleine, schmutzigweiße Babys auf das Weibchen zu. Sie alle vermissen ihre Mutter und wollen nur eines: endlich gestillt werden. Die Robbenmutter ignoriert sie alle, denn keines von ihnen ist ihr eigenes Kind. Ein trauriges Bild, als das Weibchen den Strand weiter absucht, gefolgt von fast einem Dutzend hungriger Babys. Was läuft hier falsch? Wo sind die Mütter?

Schauplatz dieser Tragödie ist eine kleine Sandinsel im Norden der Ostsee. Sie liegt etwas abseits der zu Estland gehörenden Insel Saaremaa. Diese Insel ist ein typisches Kind der Eiszeit: Flachgedrückt von den ehemaligen Gletschern, ist sie bei knapp 100 Kilometer Länge kaum höher als 50 Meter. Aber wie kam es dazu, dass mein Team nun hier oben im Norden der Ostsee Robben filmt?

Bereits 2020 war uns klar, dass wir noch ein weiteres Säugetier für unseren zweiten Ostseefilm brauchen. Zunächst dachte ich daran, ein Kapitel über die Ostsee-Ringelrobbe zu machen, aber diese Pläne wurden schnell verworfen. Die scheuen Tiere im Norden der Ostsee zu filmen ist, so waren sich alle Experten einig, fast unmöglich. Die Brüder Mart und Ivar Jüssi aus Estland sind beide Meeresbiologen und studieren sowohl die Ringel- als auch die Kegelrobben in Estland. Sie sind es schließlich, die uns davon überzeugen, besser mit den Kegelrobben zu arbeiten. Letztendlich ist es eine einzige Information, die mein Team und mich begeistert: Es gibt eine ernsthafte Bedrohung für die Kegelrobbenbabys! Für jede Story ist eine Herausforderung extrem wichtig – aber worin diese genau liegt, davon später mehr. Dabei sind es streng genommen gleich mehrere Probleme, mit denen die Kegelrobben in Estland zu kämpfen haben.

Sand statt Eis

Die Vorfahren der Kegelrobben in Saaremaa kamen vermutlich in der letzten Eiszeit aus arktischen Regionen hierher. Diese Kaltzeit endete vor circa 12 000 Jahren. Die Robben waren an das Leben auf dem Eis angepasst, und das Eis erhielt von jeher eine besondere Bedeutung, wenn die Robben ihre Kinder zur Welt brachten. Denn nur das Meereis und damit auch eine gewisse Distanz zum Festland gab ihnen die Sicherheit, dass nur wenige Räuber

› **Zu warm:** Durch die globale Erwärmung schmilzt das Eis immer früher. Ein Problem für die Robben!

Zwangs-Umzug: Statt auf dem Meereis müssen die Kegelrobben ihre Kinder auf Sandinseln gebären.

an die Jungen herankamen. Hier oben in Saaremaa waren die Bedingungen lange Zeit ideal, denn in der sensibelsten Phase ihres Lebens gab es ausreichend Eis, um darauf die Jungen großzuziehen.

Seit einigen Jahrzehnten hat sich diese Situation jedoch dramatisch geändert: Auf das Meereis ist kein Verlass mehr. Das zeigen auch die Luftaufnahmen, die Martina mit unserer Drohne im Februar 2022 macht: Fast nirgendwo ist noch Eis zu sehen und wenn, dann sind es brüchige, dünne Schollen, ungeeignet für die Aufzucht der Kegelrobbenjungen.

Die Robbenmütter haben keine Wahl, sie müssen nach einer Alternative suchen. Als zweitbeste Option empfanden sie offensichtlich die der Insel Saaremaa vorgelagerten Sandinseln. Hier sind sie zumindest vor Räubern wie beispielsweise Füchsen geschützt, so erklären uns die Brüder Jüssi. Doch einen Feind müssen sie auch hier fürchten: den Seeadler. Videoaufnahmen der beiden Wissenschaftler zeigen gleich mehrere Adler, die bei der Robbenkolonie patrouillieren, um nach toten oder geschwächten Jungtieren zu suchen. Zudem, so erzählen uns die beiden Biologen, ist die Seeadler-Population gestiegen. Denn niemals zuvor kamen sie in dieser Jahreszeit so leicht an Beute, um ihren eigenen Nachwuchs zu füttern.

Die Seeadler profitieren in diesem Fall also von den Veränderungen durch den Klimawandel. Das heißt aber nicht, dass sie nicht selbst auch davon betroffen sind. So haben die Vögel zum Beispiel enorme Probleme, wenn die zunehmenden Stürme ihre Nester in der Brutsaison bedrohen.

Aufwendige Filmvorbereitungen

Martina, Manuel und Jens Klingebiel sind im Frühjahr 2022 schließlich auf Saaremaa angekommen. Ein Betreten der Robbeninseln ist nur für die wissenschaftliche Mitarbeit bei den Brüdern Jüssi erlaubt, ohne sie gäbe es diese Dreharbeiten überhaupt nicht. Noch ist mein Team nicht sicher, welche der umliegenden Robbeninseln sich am besten für die Dreharbeiten eignet. Eine ist besonders vielversprechend, lässt sich mit dem Boot aber kaum erreichen, denn immer wieder verhindern starke Winde eine Überfahrt. Eine andere ist leichter erreichbar, hat aber scheinbar weniger Seeadler. Tage vergehen, in denen mein Team, je nach Wetterlage, auf beiden Inseln mit den Dreharbeiten beginnt. Auf keiner jedoch können sie sich den Seeadlern auch nur ungefähr auf Filmdistanz nähern.

Am Ende entscheiden wir uns für eine Insel, um dort Tarnverstecke wie auch Zelte für die Unterbringung aufzubauen. Kaum ist das geschehen, naht eine Sturmfront. Die Prognose: Der Sturm wird mindestens eine Woche anhalten. Eine schnelle Kalkulation der Finanzen ergibt: Es ist günstiger, das Team nach Deutschland zurückzuholen als vor Ort abzuwarten.

Zehn Tage später hat sich der Sturm gelegt und Martina, Manuel und Jens sind wieder auf der kleinen Sandinsel. Was für eine Überraschung, als sie das Lager erreichen: Einige Zeltstangen haben offenbar dem Sturm nicht standgehalten. Auch ist das Schlafzelt an einer Seite aufgeschlitzt und aus dem Inneren verbreitet sich ein unangenehmer Geruch. Ein Blick hinein macht deutlich: Kegelrobben müssen das Zelt als Schutz benutzt haben, denn überall finden sich ihre Exkremente. Das ruft nach einer gründlichen Reinigung!

➤ Auf Tuchfühlung: Immer wieder bekommt Manuel Spescha Besuch von Kegelrobbenbabys. Vermutlich suchen sie im Schatten Schutz vor der Sonne.

Noch vor wenigen Jahrzehnten bedeckte hier eine geschlossene Eisschicht das Meer. Sie kühlte die Kegelrobben und bot den Jungen Schutz vor Fressfeinden.

Traurige Folgen der Erderwärmung

In den folgenden Tagen bekomme ich nun die ersten filmischen Ergebnisse nach Hamburg geschickt. Zwar haben die Robben in der Sandinsel eine Alternative zum Eis gefunden, mit der Wärme dort kommen sie aber dennoch nicht zurecht. Auffällig im Vergleich zu anderen Robbenkolonien ist, dass ein Großteil der Mütter nicht bei ihren Kindern an Land, sondern im Meer ist. Mein Team, das im ständigen Kontakt mit den Jüssi-Brüdern steht, erklärt mir, dass es den Müttern an Land einfach zu warm ist. Dort droht ihnen ein Hitzschlag. So verbringen sie den Großteil des Tages im kühlen Wasser, anstatt bei ihren Jungen an Land zu sein, um sie zu stillen.

Das allein wäre schon schlimm genug, aber zudem führt die Wärme zu einem erhöhten Kalorienverbrauch, und dadurch produzieren die Mütter weniger Milch. Ein Teufelskreis, der nicht ohne Folgen bleibt: Die Sterblichkeit der Kegelrobbenbabys ist groß. Es sind traurige Bilder, die mir mein Team nun täglich schickt und die das Team vor Ort vermutlich noch weit mehr berührt als mich. Ganz besonders deshalb, weil Jens, Manuel und Martina in den Tagen immer mehr »Nähe« zu den Tieren aufgebaut haben. Sie erzählen am Telefon von ihren täglichen Erlebnissen: So steckte zum Beispiel eines nachts ein Baby seine Flossen unter die Zeltplane

▲ Den einen zu heiß, den anderen zu kalt. Während Martina Andrés dick eingepackt ist, kühlen sich die erwachsenen Kegelrobben in der Ostsee ab.

◂ Laute Nachbarn: Die Nächte im Zelt waren nicht nur kalt, sondern auch vom lautstarken Jaulen spielender Kegelrobbenbabys begleitet.

◂ »Mama?« – Die Mütter müssen ihre Kinder regelmäßig verlassen, um sich abzukühlen. Die Kleinen werden oft ungeduldig und machen sich auf die Suche nach ihnen.

hinein ins Innere – fast so, als wolle es Kontakt aufnehmen. In anderen Nächten werden sie von Babys geweckt, die vor dem Zelt spielen und dabei lautstark rufen. Wie sich meine Mitarbeiter dann fühlen, wenn sie am nächsten Morgen verendete Babys entdecken, kann sich wohl jeder denken.

Düstere Aussichten

Zur Zeit leben etwa 4000 Ostsee-Kegelrobben in Estland. Werden sie es schaffen, sich den klimatischen Veränderungen anzupassen, und wird ihr Bestand trotz dieser Umstände zukünftig wieder ansteigen? Um das Jahr 1900 herum schätzte man den Bestand der Ostsee-Kegelrobbe auf etwa 100 000 Tiere. Kaum 30 Jahre später war sie durch die Bejagung nahezu ausgerottet. Für ihren Abschuss wurden zu dieser Zeit sogar Prämien ausgesetzt, da die Fischer glauben machen konnten, dass die Tiere ihre Existenz bedrohten. Neben der Bejagung durch den Menschen waren es aber auch eingeleitete Gifte wie DDT, die die Robben dezimierten. Heute ist die Bejagung nahezu eingestellt und nur noch in ganz wenigen Ländern unter strengen Auflagen erlaubt.

100 000 Kegelrobben – diese Größenordnung werden wir wohl nie wieder sehen, denn die globale Erwärmung hat Folgen auf die gesamte Nahrungskette in der Ostsee – und am Ende stehen die Kegelrobben. Egal wie gut sie sich vermehren, irgendwann ist vielleicht einfach nicht mehr genügend Fisch vorhanden oder ein erneuter Konflikt mit der Fischerei stünde bevor.

◂ **Abgemagert:** Alle zwei Stunden muss ein Baby Milch trinken. Bleiben ihre Mütter zu lange weg, oder verlaufen sich die Kleinen, droht ihnen der Hungertod.

Hitzegestresste Mütter

Zurück zu den Dreharbeiten. Nach etwa zehn Tagen bekomme ich einen Schwung neuer Aufnahmen nach Hamburg geliefert. Diesmal hatte sich mein Team offensichtlich auf die gestressten Mütter konzentriert. Es ist mehr oder weniger immer das gleiche Bild: Ein Kind kommt einer fremden Mutter näher und beschnüffelt sie. Vielleicht will es nur prüfen, ob das die Mutter ist, vielleicht bettelt es um Milch? Sobald das Weibchen erkennt, dass es sich nicht um ihr eigenes Kind handelt, wird dieses mit einer eindeutigen Drohgebärde verscheucht. Reicht die Drohgebärde nicht, packt sich das Weibchen das Baby mit seinem Maul und wirft es dann im hohen Bogen davon. Wer diese Aufnahmen sieht, muss das fast zwangsläufig als äußerst brutal auffassen. Tatsächlich sind die Weibchen einfach unheimlich gestresst. Sie können sich, wenn überhaupt, nur um ihr eigenes Kind kümmern.

Es sind ergreifende Bilder, die mein Team am Ende mit nach Hause bringt. Bilder, die das Leid, das die globale Erwärmung hervorruft, deutlicher kaum zeigen könnte. Dass wir im späteren Film nicht einen einzigen Seeadler zeigen können, ist nun vergessen. Die Aufnahmen sprechen auch so für sich. Und dennoch: Ohne die Aussicht, Seeadler in der Kegelrobben-Kolonie filmen zu können, hätten wir uns vermutlich niemals dazu entschlossen, hier überhaupt zu drehen. Schwamm drüber.

▲ Glücklich wiedervereint: An ihrer Stimme und dem individuellen Geruch erkennen sich Mutter und Kind immer wieder. Das ist extrem wichtig, da Kegelrobben für die Geburt ihrer Jungen oft in Kolonien von mehreren Hundert Tieren zusammenkommen.

Nacht über den Shetlandinseln. Sie markieren den nordöstlichsten Punkt der Nordsee.

UNSERE NORDSEE

HEIMAT UNZÄHLIGER TIERE

Unterschiedliche Lebensräume

Die Nordsee. Selbst für mich als gebürtigen Hamburger – und damit nicht mehr als knapp zwei Fahrstunden mit dem Auto entfernt – erschließt sich dieses Meer nur schwer. Vor diesem Filmprojekt sah mein Bild der Nordsee etwa so aus: Ich denke an Deiche mit Schafen darauf und den Leuchtturm bei Westerhever. Ich sehe unendlich erscheinende Wattflächen mit unzähligen Haufen von Wattwürmern. Und ich erinnere mich, dass ich mit meinem Vater ab und zu nach Büsum fuhr, weil er dort morgens im Hafen frische Krabben kaufte, um sie dann stundenlang zu Hause von Hand zu pulen.

Anders als es bei der Ostsee der Fall war, habe ich lange Zeit nicht in der Nordsee getaucht. Ganz einfach deshalb, weil man in Norddeutschland nicht einfach ins Wasser gehen und dann glauben darf, dort irgendetwas zu sehen. Die Nordsee fällt hier so flach ab und das Wasser ist so trüb, dass es sich einfach nicht lohnt.

Erst als ich Ende der 1990er-Jahre einen Film über die meeresbiologische Station auf Helgoland machte, änderte sich meine Einstellung. Die kleine Insel liegt fernab des Festlands und verfügt über einen massiven Felssockel. Umstände, die man nicht mit den flachen und von den Gezeiten geprägten Küsten vergleichen kann, die sonst an der deutschen Nordseeküste vorherrschen. Auf Helgoland ist die Sicht unter Wasser viel besser und der felsige Meeresboden bietet einer unglaublich großen Anzahl von Meeresbewohnern eine Heimat. Ich war überrascht! Ich sah das erste Mal Taschenkrebse und sogar Hummer. Überall große Braunalgen, in denen sich Fische verstecken. Das Highlight aber waren die Kegelrobben, die größten Raubtiere, die wir in Deutschland überhaupt haben.

Doch abseits von Helgoland bleibt es schwer, die Nordsee und ihre Bewohner zu begreifen, zumindest, solange man in Deutschland bleibt. Ich jedenfalls musste mir dieses Meer im Laufe der Dreharbeiten regelrecht erarbeiten, denn dazu muss man es umfänglich bereisen.

Ein Meer verändert sich

Wo liegt die Nordsee eigentlich genau? Und welche Länder begrenzen sie?

Im Westen sind dies die Britischen Inseln, im Osten erstreckt sie sich von Norwegen bis hinunter nach Frankreich. Im Norden begrenzt sie eine gedachte Linie zwischen den Shetlandinseln und dem Geirangerfjord, etwas nördlich der norwegischen Stadt Bergen, im Süden schließlich der Ärmelkanal.

▸ **Über 30 Seevogelarten** leben in der Nordsee. Der farbenprächtigste von ihnen: der Papageitaucher

▲ Die Nordsee reicht bis an die Küsten Norwegens. Hier ist das Meer besonders kalt und nährstoffreich, was zu einer bemerkenswerten Artenvielfalt führt.

➤ Delfine in der Nordsee: Große Tümmler legen auf der Nahrungssuche weite Strecken zurück. In Schottland lässt sich ihr Jagdverhalten eindrucksvoll beobachten.

Doch das sind nur die Grenzen, die wir Menschen der Nordsee gaben, Politik spielt da eine große Rolle. Die Natur aber hat ihre eigenen Gesetze und veränderte das Aussehen und die Ausdehnung dieses Meeres immer wieder. In der letzten Eiszeit, die vor etwa 10 000 Jahren zu Ende ging, waren große Wassermengen im Eis der Gletscher gebunden. Der Meeresspiegel lag bis zu 120 Meter unter dem heutigen Stand. Dadurch verlief die südliche Küstenlinie etwa 600 Kilometer weiter nördlich als heute. Große Teile der Nordsee lagen damals trocken, und die Britischen Inseln und das europäische Festland bildeten eine zusammenhängende Landmasse.

Ihre heutigen Umrisse erhielt die Nordsee erst vor etwa 8000 Jahren, und die jetzige Ausdehnung ist auch nur eine Momentaufnahme ihrer dynamischen Entwicklung. Langfristig wird der Meeresspiegel weiter steigen: Wissenschaftliche Untersuchungen ergaben, dass der Anstieg in den letzten 7500 Jahren bei etwas mehr als 30 Zentimeter pro Jahrhundert lag. Wir können also davon ausgehen, dass sich die Größe der Nordsee auch zukünftig weiter verändern wird.

Dieses Meer bietet eine Reihe sehr verschiedener Lebensräume. Der Norden und Westen sind zumeist von felsigen Steilküsten geprägt, wie etwa auf den Britischen Inseln oder in Norwegen. Ganz anders sieht es im Osten aus: Von Dänemark hinunter bis nach Frankreich sind überwiegend ebene, sandige Küsten anzutreffen. Zudem ist ein Großteil der flach abfallenden Küsten im Osten vom Wattenmeer geprägt. Das Leben hier unterliegt einem ständigen Wandel der Gezeiten. An der deutschen Nordseeküste beträgt der Tidenhub je nach Küstenform und Lage zwischen zwei und viereinhalb Meter. Die Flut bringt jeden Tag mehrmals Unmengen von Nährstoffen in das Wattenmeer, und so ist dieser Lebensraum von einer unglaublichen Artenvielfalt geprägt.

Riesige Badewanne

Nicht nur das Wattenmeer ist besonders flach, sondern die ganze Nordsee, im Schnitt ist sie keine 100 Meter tief. Der gesamte südliche Teil des Meeres sogar höchstens 50 Meter. Eine Ausnahme: die sogenannte Norwegische Rinne, die sich direkt vor der Küste Norwegens befindet und an ihrer tiefsten Stelle immerhin 725 Meter misst. Mitten im Meer, weitab von allen Küsten, ein weiteres Extrem: die Doggerbank. Hier wird die geringste Tiefe gemessen: Gerade einmal 13 Meter sind es!

Die Nordsee ist also praktisch eine Badewanne und das hat auch Auswirkungen auf ihre Temperatur.

Sie wärmt sich schnell auf, aber ebenso schnell sinken die Temperaturen. Im Sommer kann die Wassertemperatur 25 Grad erreichen und im Winter sind es kaum mehr als 10 Grad. In den tiefen Bereichen schwanken die Temperaturen dabei weit weniger als in den flachen. An der sehr flachen Wattenmeer-Küste misst man die höchsten Temperaturen, aber in sehr kalten Wintern kann es genau dort auch zur Eisbildung kommen. Von 1965 bis 2010 stieg die Durchschnittstemperatur der deutschen Nordsee um 1,67 Grad. Zum Vergleich: Die Temperatur der Ozeane stieg im Mittel um 0,74 Grad. So sind dieses Meer und seine Bewohner viel stärker vom Klimawandel betroffen als zahlreiche andere Gewässer.

Immer mehr Tiere verlagern ihren Lebensraum weiter in den Norden. Aus dem Süden dringen Tiere in die Nordsee ein, die man sonst eher aus südlicheren Bereichen des Atlantiks oder gar aus dem Mittelmeer kennt. Artenverschiebung nennt sich das. Welche Folgen das hat, soll in unseren Filmen detailliert gezeigt werden. Aber nicht nur das! Die Nordsee beherbergt so viele faszinierende Arten, dass wir bei der Auswahl der Protagonisten sehr sorgsam vorgehen mussten. Wir wollten ein Mix aus großen Raubtieren und kleinen Helden präsentieren. Wir wollten die Bedrohung der Tiere darstellen, aber auch zeigen, wo der Einfluss des Menschen bereits positive Auswirkungen hat. Und natürlich wollten wir einen der größten und einen der kleinsten Bewohner porträtieren: den Orca und die Sandkrabbe.

◂ Raue Schönheit: Die Nordsee ist ein stürmisches Meer. Das zeigt sich vor allem an den felsigen Küsten.

Heimat für Haie: Von diesem kleinen, einen Meter langen Katzenhai bis zum fast zehn Meter langen Riesenhai bewohnen viele Arten dieses Raubfisches die Nordsee.

SKUAS

STERCORARIUS SKUA

»Nicht immer war das Verhältnis zwischen Papageitauchern und Skuas so dramatisch. Der Mensch hat diese Situation erzwungen.«

Unscheinbarer Dieb: Die Skua, auch Raubmöwe genannt, hat ihren Namen nicht ohne Grund.

DER KAMPF DER UNGLEICHEN VÖGEL

Raubmöwen auf Fair Isle

Schon unser Anflug auf Fair Isle ist spektakulär. Das Innere der etwa zehnsitzigen Propellermaschine vermittelt mehr den Eindruck von einem U-Boot: Die schmale Kabinenröhre lässt ein aufrechtes Stehen nicht zu und Platzangst sollte man auch nicht haben. Aber als wir am Horizont die Insel erblicken, sind schnell alle Bedenken, ob wir sie überhaupt jemals lebend erreichen, verflogen. Fernab von allen anderen Inseln, vermittelt sie sofort ein Gefühl von *Jurassic Park*. Steil ragen die schwarzen Felswände aus dem Meer empor. Oben liegt ein dünner Wiesenteppich auf der Insel. Was wird uns dort unten erwarten, frage ich mich kurz vor der Landung.

Unser Pilot kämpft mit starken Rollbewegungen, denn die Aufwinde machen ihm zu schaffen. Kräftig sinkt die Maschine in die Stoßdämpfer, dann sind wir tatsächlich unten. Am Flugfeld werden wir sogleich von Deryk Shaw empfangen, dem lokalen Vogelfachmann. Nachdem wir unser Gepäck schnell in der Unterkunft abgestellt haben, zeigt er uns die Insel und klärt meine dringlichste Frage: Wo sind die Skuas? Skuas, das sind große Raubmöwen, deren Flügel bis zu 1,40 Meter Spannweite erreichen.

Hier auf Fair Isle jagen sie Papageitaucher, um sich und ihren eigenen Nachwuchs zu versorgen. Und genau das wollen wir filmen. Wer über Fair Isle liest, erfährt, es wäre die Insel der Vögel und der Strickpullover. Fragt man die Inselbewohner, werden genau hier die besten Shetlandpullover produziert. Doch weder von den Pullovern noch von den Vögeln werden wir in den kommenden Tagen viel sehen. Zumindest das mit den Vögeln hatte ich mir anders vorgestellt. Und so geht es auch meinem Team: Mit dabei sind Josh Miller, Martina Andrés und Manuel Spescha.

Erster Location-Check

Auch von der gemeinsamen Erkundung der Insel mit Deryk Shaw hatte ich mir mehr versprochen. Zumindest in Bezug auf die Anzahl der Vögel. Jetzt, Anfang Juni, brüten hier neben Skuas und Papageitauchern auch viele andere Seevögel. Die sehen wir dann auch, aber meine Vorstellungen waren ganz anders, denn in meinem Kopf hatte ich immer noch die Bilder der Vestmannaeyjer-Inseln südlich von Island: Anfang der 2000er-Jahre hatte ich dort die weltgrößte Papageitaucher-Kolonie mit über einer Million Brutpaaren gefilmt. Diese Bilder muss ich nun schnell verdrängen, denn die größte

◂ **Um die 500 Paare** kommen nach Fair Isle, um ihre Jungen aufzuziehen.

▸ **Die felsigen Küsten** der Inseln sind perfekt für viele andere nistende Seevögel – so auch für die über 30 000 Papageitaucher.

Ein typischer Anblick: Nebel in den Hängen von Faire Isle. Eine Atmosphäre, die uns an *Jurassic Park* erinnerte.

Ansammlung von Papageitauchern hier schätzen wir auf etwa 500 Tiere. Schließlich führt uns Deryk auf das »Oberland«, eine flache Hochebene, circa 500 mal 700 Meter groß. Sie liegt direkt oberhalb des kleinen Hafens an der Ostseite der Insel.

»Die globale Erwärmung ist für uns Filmemacher zu einem Faktor geworden, den man bei der Planung niemals aus den Augen lassen darf.«

Hier brüten die Skuas. Nicht etwa in einem Nest, sondern einfach in einer Mulde. Der Grund liegt auf der Hand: Skua-Küken sind Nestflüchter. Sobald sie laufen können, erkunden sie das Umfeld. Vielleicht 20 Pärchen brüten hier oben und sind von unserer Anwesenheit alles andere als erfreut. Immer wieder greifen sie uns unter lautstarkem Geschreie an. Wir versuchen, so gut es geht auf Distanz zu bleiben, um sie nicht zu beunruhigen.

Manche Elternpaare sind auch bereits mit der Aufzucht der Küken beschäftigt. Für uns eine gute Nachricht, denn zumindest unser Timing ist richtig. Das ist keine Selbstverständlichkeit, hat sich doch in den letzten Jahrzehnten der Rhythmus vieler Tiere kräftig verschoben. Die globale Erwärmung ist für uns Filmemacher zu einem Faktor geworden, den man bei der Planung niemals aus den Augen lassen darf. Noch in den 1990er-Jahren, am Anfang meiner Karriere, konnte man sich darauf verlassen, dass Meeresbewohner zu einer ganz bestimmten Zeit und an wiederkehrenden Orten für ihren Nachwuchs sorgen. Heute ist das nicht mehr so, denn die veränderten Klimaverhältnisse, insbesondere die Temperatur des Meeres, haben dazu geführt, dass sich die Tiere anpassen müssen. Sie verschieben ihren Rhythmus oder wandern gar in andere Gebiete ab.

Zurück in der Unterkunft werden wir von Tommy Hyndman empfangen. Ein waschechter Schotte, sollte man bei seinem Anblick meinen, aber weit gefehlt: Der liebenswerte Bartträger stammt ursprünglich aus Saratoga im Bundesstaat New York, ist also Amerikaner. Er betreibt das »Auld Haa Guesthouse«, eine kleine, aber sehr charmante Unterkunft. Tommy gehört zu den wenigen verbliebenen Einwohnern von Fair Isle, denn mittlerweile sind es kaum mehr 50 Menschen, die es auf der abgeschiedenen Insel aushalten.

Große Aufregung

Am nächsten Morgen begibt sich Manuel sofort in das Tarnzelt, welches wir noch am Vortag bei den Skuas aufgebaut hatten, damit diese sich an den Fremdkörper gewöhnen können. Martina, Josh und ich gehen zu der Papageitaucher-Kolonie, um mit den ersten Einführungsaufnahmen zu beginnen.

Es dauert nicht lange, und die ersten Skuas beginnen mit ihren Attacken. Meist kommen sie unbemerkt hinter einem Felshang hervor und versuchen, seitlich oder von hinten zu attackieren.

◂ **Kopf einziehen!** Geht man zu nah an ein Skua-Nest heran, attackieren die Vögel aus der Luft. Es ist viel Respekt gefragt, um die Tiere nicht unnötig zu stressen.

▸ **Umso größer** ist die Freude, als Thomas Behrend und Martina Andrés nahe an ein Tier gelangen.

▲ Mahlzeit: Ungeduldig wartet das Küken darauf, dass die Eltern die Beute zerlegen.

➤ Nestflüchter: Sobald die Küken laufen können, gehen sie auf Erkundungstour.

Haben die Papageitaucher den Angreifer entdeckt, herrscht Panik. Sofort flüchten die Tiere Richtung Meer. Dort drehen sie, einem Wirbelwind gleich, große Kreise. Irgendwann haben sie sich beruhigt und kehren zurück zu ihren Erdhöhlen an der Felsklippe. In den nicht selten mehr als einen Meter tiefen Höhlen versteckt, warten ihre Jungen geduldig auf die Eltern. Sie brauchen nun ständig Nahrung. Einfacher gesagt als getan, denn Mutter und Vater sind im Dauerstress. Zeit für eine Erholung haben die kleinen Vögel kaum, denn immer wieder werden sie von Skuas aufgeschreckt.

Als wir zum Sonnenuntergang in das Filmmaterial von Manuel schauen, sind wir begeistert. Er hat die ersten Aufnahmen von jungen Skua-Küken bekommen und sogar den Schlupf aus einem Ei. Dann lenkt uns aber ein feiner Duft aus der Küche ab: Tommy Hyndman, so werden die nächsten Tage zeigen, ist ein außergewöhnlich guter Koch. Jeden Tag verwöhnt er uns mit einem Drei-Gänge-Menü – so lässt es sich arbeiten.

Schlechtes Wetter, aber tolle Aufnahmen

Der nächste Morgen empfängt uns mit einem Wetterwechsel. Nebel liegt über Fair Isle. Es dauert ewig, bis wir bei den Papageitauchern ankommen, denn wir haben kaum 30 Meter Sicht. Die schmalen Straßen, die teils bedrohlich nah am Hang gebaut wurden, zwingen uns zum Schritttempo. Erst gegen Mittag reißt es ein wenig auf und wir entscheiden uns, die

Drohne in den Himmel zu schicken. Es folgen bange Minuten. Immer wieder verlieren wir Sichtkontakt zu unserem »Auge am Himmel« und ständig schlägt der Alarm an. Die Technik spielt verrückt, weil die Luftfeuchtigkeit so hoch ist, dass die Drohne glaubt, dicht über dem Boden zu fliegen. Josh Miller, unser Drohnenpilot, rät mir, die Aufnahmen abzubrechen, um das Fluggerät nicht zu verlieren, doch ich bestehe darauf weiterzumachen. In vielen Jahrzehnten des Filmemachens habe ich gelernt, dass solche Situationen nicht wiederholbar sind. Und tatsächlich sind die wenigen Aufnahmen, die wir an diesem Tag bekommen, einfach nur spektakulär. Ohne immer wieder Risiken einzugehen, kann man in der Top-Liga nicht mitspielen. Das gilt wohl nicht nur für uns Tierfilmer.

In den folgenden Tagen können wir uns dann endlich auf die Jagdtechniken der Skuas konzentrieren. Die Kameras sind zwar mit Folien abgedeckt, was die Arbeit nicht gerade erleichtert, aber der ständige Regen lässt uns keine andere Wahl. Nun schlägt die Stunde von Martina. Während Manuel und ich als Beobachter fungieren, steht sie voller Anspannung an der Kamera. Jede Sekunde könnte eine Attacke erfolgen. »Skua von links«, schreit Manu plötzlich. Martina reißt die Kamera herum und auch ich sehe den Angreifer nun. Im nächsten Moment stürzt sich die Skua bereits auf einen Papageitaucher. Um Haaresbreite verfehlt sie ihre Beute: Sie streift das Hinterteil des Papageitauchers, aber bekommt ihn nicht zu fassen. Hastig schwingt sich der kleine Vogel davon und erreicht schließlich unter taumelnden Bewegungen die Felskante. Im nächsten Moment ist er davon. Tragische Momente, die wir mit der Kamera einfangen – für beide Vögel ist es ein Kampf ums Überleben.

◂ Rekordverdächtig: Bis zu 81 Fische wurden schon in einem Schnabel gezählt. Durch die Überfischung wird das aber immer seltener.

▴ Patrouillenflug: Skuas fischen nicht selbst, sondern jagen anderen Vögeln die Beute ab.

Menschengemachte Probleme

Nicht immer war das Verhältnis zwischen Papageitauchern und Skuas so dramatisch.

Zwar haben die Raubmöwen schon immer andere Vögel gejagt oder ihnen zumindest die Beute gestohlen, aber einen derartigen Fokus auf das Erbeuten von Papageitauchern gab es in der Vergangenheit nicht. Der Mensch hat diese Situation erzwungen, auch wenn er das sicher nie wollte. Im Gegenteil: Seit 2013 ist der Rückwurf von unerwünschtem Beifang ins Meer für alle Fischer verboten. Eine gute Idee. Nur hatte dabei keiner bedacht, dass Skuas sich zu einem nicht unerheblichen Teil von genau diesem Beifang ernährten. Als dieser wegblieb, mussten sich die Raubmöwen eine Alternative suchen und fanden sie: Die Jagd auf andere Meeresvögel. Seitdem ist die Zahl der Papageitaucher dramatisch gesunken. Nicht nur wegen der Skuas, sondern auch, weil ihre eigene Nahrungsquelle, die Sandaale, immer mehr

Schrecksekunde: Immer wieder versetzen angreifende Skuas die Papageitaucher in Panik. Nicht nur einmal, sondern mehrmals am Tag. Das kostet die kleinen Vögel unglaublich viel Energie.

verschwanden. Auch dies ein menschengemachtes Problem: Durch die steigenden Meerestemperaturen verlagern die Sandaale ihr Territorium immer weiter Richtung Norden, so glaubt man zumindest.

Noch bedeutender aber ist die Überfischung. Studien ergaben, dass viele Meeresvögel immer größere Strecken zurücklegen müssen, um überhaupt noch Nahrung zu finden. Das schwächt sie zunehmend und führt in der Folge auch zur Unterversorgung ihres Nachwuchses. Ein Dilemma für alle Meeresvögel, nicht nur für Papageitaucher und Raubmöwen.

▲ Einige Skuas haben gelernt, dass es sich lohnt, die Höhlen zu untersuchen. Kommt ein Papageitaucher heraus, haben sie leichtes Spiel.

◄ Ist die Luft rein? – Wagen sich die Papageitaucher aus der Bruthöhle, droht oft Gefahr.

Das Gleichgewicht ist gestört

Wie sehr sich die Skuas um Jagderfolg bemühen, dürfen wir in den nächsten Tagen beobachten. Ist ihr erster Versuch nicht erfolgreich, weil die Papageitaucher weggeflogen sind, dann inspizieren sie die Bruthöhlen. Mit etwas Glück war während des Angriffs einer der Papageitaucher in der Höhle und hat nichts mitbekommen. Und tatsächlich: Endlich können wir filmen, wie eine Raubmöwe zuschlägt, als das ahnungslose Opfer gerade aus der Höhle kommt.

Grausame Momente, die wir mit der Kamera einfangen und die uns auch am Abend und in der Nacht nicht wieder loslassen. Was haben wir Menschen nur getan? Werden unsere Enkel von den

Papageitauchern nur noch aus Büchern und Filmen erfahren? Auf der anderen Seite fühlen Josh, Martina, Manuel und ich auch große Sympathie für die Skuas. Letztlich wollen auch sie nur ihrer Pflicht nachkommen und den eigenen Nachwuchs großziehen.

Das Gleichgewicht ist einfach außer Kontrolle. Die Nordsee ist sehr flach und erwärmt sich entsprechend schnell. Viele Tiere werden zu »Klimaflüchtlingen« und verlassen dieses Meer. Die Überfischung entzieht ihnen zusätzlich ihre Lebensgrundlage. Die Dreharbeiten auf Fair Isle hinterlassen einen bleibenden Eindruck bei uns. Keinen schönen, um es vorwegzunehmen, und dieses Gefühl wird sich während unserer zahlreichen Expeditionen noch häufiger einstellen.

▲ Durch die Überfischung finden die Papageitaucher nicht nur weniger Beute, sondern werden auch häufiger selbst zur Beute.

› Erfolg! – Auch die Skuas müssen ihre Jungen ernähren. Eigentlich stehlen Raubmöwen kleineren Vögeln die Beute. Heute werden sie immer öfter zum Töten gezwungen.

GROSSE TÜMMLER

TURSIOPS TRUNCATUS

»Ein unglaubliches Erlebnis, wenn die bis zu vier Meter langen Tiere sich mit scheinbar größter Leichtigkeit aus dem Wasser katapultieren.«

Die größten ihrer Art: Die Großen Tümmler vor Schottland werden bis zu vier Meter lang.

PUBLIKUMSLIEBLINGE

Große Tümmler im Moray Firth

Delfine! Was für magische Tiere. Von Anbeginn unserer Dreharbeiten war Martina, Manuel und mir klar, dass wir unbedingt diese sympathischen Meeressäuger filmen wollten. Aber wo und wie? Nach wenigen Tagen der Recherche stießen wir auf einen vielversprechenden Drehort: den Moray Firth, eine Meeresbucht in Schottland. Hier kann man im Sommer Große Tümmler bei der Jagd auf Atlantische Lachse beobachten. *On a Rising Tide*, so heißt das Buch des Walforschers Charlie Phillips, bebildert diese Jagd sehr eindrucksvoll, und darum nehmen wir mit Charlie Kontakt auf.

Im Juli 2021 stehen wir dann an der für die Tümmler so berühmten schottischen Landspitze, dem Chanonry Point. Es ist sieben Uhr morgens, als wir unsere Kamera mit der längsten Brennweite aufbauen. Das Meer vor der lang gestreckten Halbinsel ist flach wie ein Ententeich und nichts deutet darauf hin, dass hier Große Tümmler leben. In der kommenden Stunde belebt sich die Situation zusehends. Nicht, dass von den Tieren irgendetwas zu sehen wäre, aber es kommen immer mehr Menschen, offenbar Besucher aus der ganzen Welt. Sie alle wollen die Tümmler sehen.

Sie kommen!

In der Menschenmenge entdecken wir dann auch Charlie Phillips. Gerade haben wir uns vorgestellt, als ein Raunen durch die Menge geht. Manche Besucher schreien gar entzückt. Die Tümmler sind da! Immer wieder springen sie mit hohen Sätzen aus dem Meer. Ein unglaubliches Erlebnis, wenn die bis zu vier Meter langen Tiere sich mit scheinbar größter Leichtigkeit aus dem Wasser katapultieren. Das ist es, was die Menschen so begeistert und hierher zieht. Sofort machen wir uns an die Kameraarbeit.

Mittlerweile hat sich auch die Meeresoberfläche zusehends verändert. Aus dem Ententeich wird immer mehr ein schäumendes Meer. Die Flut hat eingesetzt und drückt das Wasser mit aller Macht durch die schmale Meerenge. Kleine Wellen türmen sich dabei auf und brechen nur wenige Meter vor uns. Ein seltsames Schauspiel, denn nach wie vor ist es windstill. Jetzt verändert sich auch das Verhalten der Tümmler. Immer wieder tauchen sie in den brechenden Wellen hinunter.

Wieder ist ein Raunen in der Menge zu hören. Gerade noch rechtzeitig sehe ich, wie einer der Tümmler mit einem Lachs im Maul auftaucht, um ihn gleich darauf wieder auszuspucken. Genau dieses seltsame Verhalten wollen wir filmen. Die Lachse sind nämlich so groß, dass er seine Beute nur schlucken

◂▸ Soziale Tiere: Nach einer erfolgreichen Jagd wird häufig gemeinsam gespielt.

▲ Konzentration gefragt: Vorauszusehen, wo die Delfine auftauchen, ist schier unmöglich. An vielen Tagen kam nur eine einzige brauchbare Aufnahme heraus.

▲ Oft ist eine abtauchende Flosse alles, was im Kamerasucher zu entdecken ist. Es braucht viel Glück und Geduld. Zumindest hat man fast täglich eine Chance: Wenn die Flut kommt, kommen auch die Delfine.

Von den Tropen bis zur Nordsee: Die Großen Tümmler vor Schottland sind die am nördlichsten lebenden Tiere ihrer Art.

kann, wenn sie genau richtig im Maul liegt. Ist das nicht der Fall, kommt der Jäger mit dem Fisch an die Wasseroberfläche, spuckt ihn aus und nimmt einen weiteren Anlauf, um ihn perfekt im Maul zu positionieren. Es mutet wirklich seltsam an, wenn der Lachs immer und immer wieder ausgewürgt wird. Das zu filmen, ist alles andere als einfach. Es ist zwar nicht schwer, einem abtauchenden Tümmler mit der Kamera zu folgen, aber wo er mit der Beute wieder auftauchen wird, ist einfach unvorhersehbar. Und so gibt es Hunderte von Fehlversuchen. Wenn wir am Ende des Tages mit zwei oder drei wirklich guten Szenen nach Hause kommen, können wir von Glück sprechen.

Strategisch geschickte Jäger

Die Aufnahmen, die wir dann sehen, belohnen uns aber für den Aufwand, denn man kann dieses Verhalten nirgendwo sonst beobachten. Doch was passiert da? Warum schwimmen die Tümmler gerade hierher, um Lachse zu jagen?

Der Chanonry Point bei Fortrose ist das Ende einer Landzunge, die sich gut zwei Kilometer in den Meeresarm des Moray Firth erstreckt. Dadurch verengt der sich hier auf eine Breite von gerade mal einem guten Kilometer. Der Atlantische Lachs muss jetzt im Sommer durch diese Meerenge, um zu seinen Laichplätzen zu kommen. Am Ende der Meeresbucht münden nämlich mehrere Flüsse in die Bucht, in die sie seit Generationen aufsteigen, um sich dort fortzupflanzen. Die einlaufende Gezeitenströmung ist mehrmals täglich so stark, dass die Lachse diese nutzen, um zu ihren Flüssen zu gelangen. Und das machen sich wiederum die Tümmler zunutze: Sie passen diese Situation, in der Lachse am leichtesten zu fangen sind, genau ab.

In den nächsten Tagen kommt auch immer wieder Charlie Phillips zu uns an die Landzunge. In vielen Gesprächen über Meeressäuger und ihre Gefährdung in den Weltmeeren reden wir auch wiederholt über die Lachse. Noch in den 1980er-Jahren lebten im Atlantik zwischen acht und zehn Millionen dieser Lachsart. Nach jetzigem Stand soll es nur noch etwa zwei bis drei Millionen geben. Setzt sich diese Entwicklung fort, wird der Atlantische Lachs in zehn Jahren zu einer gefährdeten Art und 2050 möglicherweise ausgestorben sein. Spätestens dann wird das Jagdspektakel am Moray Firth der Vergangenheit angehören.

Während neben den Lachsen auch viele andere Tiere massiv unter der Verschmutzung, der Überfischung und der Belastung durch Mikroplastik leiden, erweisen sich die Großen Tümmler als erstaunlich anpassungsfähig. Auch sie haben mit diesen verschlechterten Bedingungen Probleme, sind aber sehr flexibel. Sie haben ein sehr großes Beutespektrum und sind zudem toleranter, was die Meerestemperaturen angeht, so erklärt uns Charlie.

Wir verabschieden wir uns von den sympathischen Schotten und dem Moray Firth. Es waren sicher die einfachsten Dreharbeiten dieser Serie. Außer ein paar Regentagen und vielen Stunden vergeblichen Wartens unter dem Poncho war es hier durch und durch entspannend.

▾ **Bei Flut** kommen Lachse, auf dem Weg in ihre Laichgebiete, in den Moray Firth. Darauf haben die Delfine gewartet.

▴ **Unerwartet:** Die Lachse sind so groß, dass der Jäger sie immer wieder ausspuckt. Zum Schlucken müssen die Fische perfekt liegen.

Bilder, die uns Menschen begeistern: Jedes Jahr kommen Tausende Besucher, um das Spektakel der Delfine zu beobachten.

BASSTÖLPEL

MORUS BASSANUS

»Immer wieder heben und senken sie die Köpfe und berühren sich dabei mit den Schnäbeln. Das muss Liebe sein!«

Ein Team fürs Leben: Basstölpel-Pärchen bleiben ein Leben lang zusammen.

TOD DURCH FISCHERNETZE

Basstölpel auf Helgoland

Es ist Juni, als wir die Insel Helgoland besuchen. Wir wollen Basstölpel bei der Aufzucht ihres Nachwuchses filmen. Gleich zu sechst bereisen wir die Insel. Mich begleiten die Unterwasser-Kameraleute Martina Andrés und Manuel Spescha, unser Drohnenpilot Josh Miller, Kameramann Jens Klingebiel und der Neuling im Team, der Volontär Emanuel. Die Überfahrt mit der Fähre ist für uns alles andere als unproblematisch:

»Das Inseloberhaupt hat den Dreharbeiten zugestimmt. Gott sei Dank!«

Vor dem Schiff in Cuxhaven bildet sich eine lange Schlange. Ein Corona-Soforttest ist angesagt. Nicht ungewöhnlich im Jahr 2020, doch mit dem, was dann kommt, haben wir nicht gerechnet: Die Schiffsbesatzung will unsere Drehgenehmigung für Helgoland sehen. Davon haben wir noch nie gehört! Sind wir die Unwissenden oder ist es doch die Besatzung? Ich spreche mit dem Kapitän. Der fühlt sich offensichtlich unter Druck gesetzt, denn das Schiff hat nun schon mehrere Minuten Verspätung. Auf nochmaliges Bitten ruft er dann den Bürgermeister von Helgoland an. Bange Minuten vergehen. Dann taucht der Mann mit der Kapitänsmütze mit nach oben gerecktem Daumen wieder auf: Das Inseloberhaupt hat den Dreharbeiten zugestimmt. Gott sei Dank!

Gut zwei Stunden später taucht Helgoland am Horizont auf. Leuchtend rot ragt es aus dem Meer, unverkennbar und in dieser Form einzigartig in der Nordsee. Die typische Färbung kommt vom Buntsandstein, der die Insel prägt. Faszinierend auch ihr Wahrzeichen, die Lange Anna. Knapp 50 Meter hoch steht der Felssockel wenige Meter vor der Insel.

Erste, unschöne Eindrücke

Kaum ist die Ausrüstung in unserer Unterkunft verstaut, wollen wir uns ein Bild von der Brutkolonie machen. Zunächst ohne Kamera, sondern nur mit einem Fernglas bewaffnet, machen wir uns auf den Weg ins »Oberland«, wie die Einheimischen den oberen Teil der Insel nennen, also das mehr oder weniger flache Plateau auf dem roten Felssockel. Die Basstölpel sind schon von Weitem unüberhörbar.

Jedes Jahr zwischen April und Juni kommen Basstölpel auf die Insel.

Das Jahr hat das Paar getrennt verbracht. Beim Wiedersehen muss die Bindung durch Balzen und gegenseitiges Putzen erst mal erneuert werden.

In den steilen Hängen Helgolands nisten über 1500 Basstölpel.

Mehr als tausend Brutpaare hocken an und auf den roten Klippen der Insel. Auch ihr Geruch hinterlässt einen bleibenden Eindruck. Doch viel schlimmer ist das, was wir durch unser Fernglas erblicken: Dutzende von verendeten Basstölpeln hängen in den Steilwänden. Sie haben sich in den Resten von Fischernetzen mit ihren Beinen oder Flügeln verfangen und sind dann verdurstet. Aber wie kommt das?

Am selben Abend treffen wir dann unseren wissenschaftlichen Berater, Elmar Ballstaedt. Seit mehreren Jahren erforscht er die Seevögel auf Helgoland. Eigentlich, so erklärt uns der Vogelwart, benutzen Seevögel Algen als Nistmaterial, aber in den letzten Jahrzehnten verwenden sie immer mehr die Reste von Fischernetzen, denn die treiben überall in den Meeren herum oder werden ans Ufer gespült. Offensichtlich sind sie viel einfacher verfügbar als Algen. Zudem verrotten sie nicht, sodass diese Nester im kommenden Jahr nur ausgebessert werden müssen. Die Basstölpel sind nicht in der Lage, die Fischernetze von natürlichem Nistmaterial zu unterscheiden. Auch ist ihnen nicht bewusst, wie gefährlich sie sind. Elmar erklärt uns, dass man den Tieren nicht wirklich helfen kann. Schon oft gab es Überlegungen, die Netze aus den Steilwänden zu entfernen. Doch die Erfahrung zeigt, dass die Vögel sofort neue heranbringen. Eine traurige Geschichte, denn so

▲ Geduld: Bis zu 46 Tage dauert es, bis das Junge aus dem Ei schlüpft.

◂ Alles auf eine Karte: Basstölpel ziehen jedes Jahr nur ein Küken groß.

werden auch in Zukunft Hunderte von Basstölpeln jedes Jahr verenden.

Kurzerhand entschließen wir uns, die Bedrohung der Basstölpel durch Fischernetze zum Hauptthema dieses Kapitels zu machen. Wir wollen, dass die Menschen wissen, welche Bedrohung die Fischerei darstellt, selbst für Seevögel. Nun darf man sich nicht vorstellen, dass die Klippen Helgolands mit ganzen Fischernetzen übersät sind, es sind vielmehr bestimmte Netzteile, die zum Problem werden. Grundschleppnetze unterliegen einem enormen Verschleiß. Sie werden unter großer Last über den teils steinigen Meeresboden gezogen und würden dabei schnell durchscheuern, hätten die Fischer nicht einen Scheuerschutz entwickelt: Hunderte kleiner Faserbündel, je nach Netzgröße etwa 50 bis 100 Zentimeter lang. Zum Schutz des eigentlichen Netzes liegen sie beim Fischen zwischen dem Meeresboden und dem Netz, sodass dieses möglichst verschleißfrei über den Boden schleifen kann. Diese Faserbündel, die sogenannten Dolly Ropes oder Scheuerfäden, verschleißen selbst sehr schnell und reißen schließlich ab. Und genau diese Reste sind das Problem.

Liebevolle und verzweifelte Hilfsaktionen

Wie dramatisch die Folgen für die Vögel sind, wollen wir nun mit Bildern belegen. Die Suche nach geeigneten Brutpaaren für unsere Geschichte erweist sich aber schwieriger als gedacht. Vom Ufer aus sind nur wenige Brutplätze gut einsehbar und nah genug für die Kameras. Man muss sich vorstellen, dass selbst mit den besten Teleobjektiven ein nur 15 Meter entfernter Vogel schon nicht mehr perfekt zu filmen ist, denn wir müssen die Köpfe der Tiere in Nahaufnahmen bringen, um ihre Emotionen zeigen zu können. Das Motto lautet also wie immer: Ran ans Objekt! Es dauert mehrere Stunden, bis wir ein geeignetes Brutpaar entdeckt haben. An einer extrem steilen Stelle nistet es in den Felsen und hat bereits ernsthafte Probleme. Das Weibchen hat sich mit dem Hals in einem Fischernetz verfangen. Immer wieder schlägt es mit den Flügeln, doch es kommt nicht los. Der Strick aus Netzen zieht sich nur noch enger um ihren Hals. Es sind schlimme Bilder, die ich durch den Sucher meiner Kamera sehe: Verzweifelt versucht das Männchen seiner Partnerin zu helfen, immer wieder zieht er mit seinem Schnabel an den Netzresten, die seiner Partnerin die Luft rauben. Wenn man bedenkt, dass die Tiere eine lebenslange Partnerschaft eingehen und das Männchen ganz auf sie fixiert ist, können einem bei dem Anblick schon mal die Tränen kommen. Mir geht es so und auch Emanuel geht es unter die Haut. Ich beauftrage ihn, das Pärchen in den nächsten Tagen weiter zu beobachten.

Hinter mir bemerke ich Schritte. Es ist Jens, der gemeinsam mit Martina ein weiteres Brutpaar entdeckt hat, das für den Film geeignet sein könnte. Aufgeregt führen mich die beiden zu einer etwa 100 Meter entfernten Stelle am Abhang. Tatsächlich sitzt dort ein Pärchen auf einem kleinen Felsvorsprung und ist gerade mit einem ausgiebigen Begrüßungsritual beschäftigt. Immer wieder heben und senken sie die Köpfe und berühren sich dabei mit den Schnäbeln. Das muss Liebe sein!

◂ Vergangenheit: Einst wurden die Nester aus Seetang gebaut. Mittlerweile bringen die Tölpel hauptsächlich künstliches Material.

▸ Heute: Mehr als 90 Prozent der Nester enthalten Reste aus Fischernetzen.

Von besonderer Bedeutung ist dieses Pärchen für uns deshalb, weil direkt über ihren Köpfen gut sichtbar die Netzreste auf sie herabhängen. Werden sich diese als Gefahr für das Paar herausstellen?

Gefahr auch für Trottellummen

Wie gefährlich die Netzreste sogar für jene Vögel werden können, die sie nicht einmal als Nistmaterial benötigen, zeigt sich am Beispiel der Trottellummen. Diese schwarz-weißen Vögel erinnern an Mini-Pinguine. Anders als die Basstölpel brüten sie auf kleinen Vorsprüngen in den Felswänden, ganz ohne Nistmaterial. Die Lummen klemmen ihre Eier einfach zwischen die Beine und setzen sich dann darauf. Doch beim Starten und Landen müssen auch sie an den Netzresten vorbei. Dort, wo Felsvorsprünge mit überhängenden Netzstücken belegt sind, verfangen auch sie sich immer wieder, das zumindest beobachten wir.

Die meisten ihrer Küken sind bereits vor Wochen geschlüpft und jetzt, Mitte Juni, muss der Nachwuchs die Klippen verlassen, um den ersten Schritt ins eigene Leben zu machen. Den Küken steht der sogenannte Lummensprung bevor.

Am Abend nimmt uns Elmar Ballstaedt mit an den Fuß der roten Felsklippen. Im Schutze der Dämmerung springen die kleinen Lummen von den steilen Klippen in die Tiefe. Bekommen sie mit ihren kleinen Schwingen nur ein wenig Auftrieb, so landen sie auf der Meeresoberfläche, wo bereits ihre Eltern auf sie warten.

Einige aber schaffen das nicht. Sie schlagen auf der felsigen Uferböschung auf und irren dort nicht selten umher. Immer wieder beobachten wir dieses Schauspiel und zucken verschreckt, wenn die kleinen Küken unten aufschlagen. Gott sei Dank passiert

▲ Es hilft nichts, die Nester zu reinigen: Die Vögel bringen sofort neuen Plastikmüll.

◂ Mehrere Hundert Seevögel sterben auf Helgoland jedes Jahr einen qualvollen Tod.

den wenigsten etwas. Für die Wissenschaftler ist es die Gelegenheit, die Tiere zu untersuchen. Mit Stirnlampen bewaffnet begutachten sie die Vögel äußerlich, wiegen und messen sie und legen ihnen Ringe an. Wir als Filmteam bekommen die ehrenvolle Aufgabe, die kleinen Lummen dann ins Meer zu bringen. Ein aufregender Moment, wenn man ein kleines flauschiges Lummenbaby in den Händen hält und es dann freilassen darf.

Trauriger Anblick … und ein Happy End

Am nächsten Morgen machen wir eine schreckliche Entdeckung. Auch das Basstölpel-Pärchen auf dem Felsvorsprung hat Probleme mit den Netzresten bekommen: Das Männchen hat sich mit einem Flügel darin verfangen. Wie wild schlägt es um sich. Das Weibchen animiert ihn aufgeregt, nicht aufzugeben. Immer wieder werfen Jens und ich uns traurige Blicke zu, er steht etwa 15 Meter entfernt von mir, um das Geschehen aus einem anderen Winkel mit der Kamera einzufangen. Nach Stunden gibt das Männchen schließlich auf. Es liegt nur noch regungslos da. Als wir bei Sonnenuntergang den Drehort verlassen, begleitet uns ein Gefühl von Ohnmacht und Wut. Beide von uns beobachteten Basstölpel-Pärchen sind von den Netzresten gefangen. Bei dem Weibchen in der Steilwand ist es bereits der vierte Tag. Emanuel glaubt nicht, dass das Weibchen noch eine Chance hat. Was muss getan werden, damit das Leiden der Tiere ein Ende findet? Diese Frage geht uns nicht aus dem Kopf.

Am nächsten Morgen kommt Emanuel aufgeregt zu mir gelaufen: Das Weibchen ist tot. Es fällt schwer, genau das zu filmen, aber es muss sein. Am Abend werden wir dann aber auch noch Zeugen eines Happy Ends. Martina, die in den vergangenen Tagen die ganze Geschichte fotografisch festgehalten hat, bemerkt es als erste: Noch einmal kommt Leben in das Männchen auf dem Felsvorsprung. Sein Weibchen schreit wild umher und wippt auf dem Nest vor und zurück. Gerade noch rechtzeitig haben Jens und ich die Kameras im Anschlag. Das Männchen vollzieht plötzlich eine Drehung seines Körpers, streift die Netze ab und segelt in die Tiefe davon. Er hat es geschafft! Martina, Jens und ich schauen uns in die Augen. Was für ein Ende für unsere Geschichte und was für ein Happy End für das Paar!

Was ist zu tun?

Wochen später sichten wir das Material an unserem Computer. Die Bilder sind so hart, dass wir sie nur in zensierter Form zeigen können, sonst würden die Zuschauer später unsere Filme mittendrin abschalten. Die Realität ist brutaler, als wir sie zeigen dürfen.

> »Als wir bei Sonnenuntergang den Drehort verlassen, begleitet uns ein Gefühl von Ohnmacht und Wut.«

Aber was ist zu tun, damit solche Bilder der Vergangenheit angehören? In letzter Zeit gibt es Petitionen, die den Gebrauch von synthetischen »Dolly Ropes« verbieten wollen. Das wäre ein erster Schritt, denn die heute in den Meeren herumtreibenden, nahezu unverrottbaren Netzteile wird man noch viele Jahre

➤ Es wird eng: Jeder Neuankömmling wird genau inspiziert.

◂ Nicht nur bei uns Menschen: Basstölpel-Nachbarn streiten regelmäßig um die Grundstücksgrenzen. Aus Nestern in den steilen Hängen stürzen während der Auseinandersetzungen auch Eier ab und zu in die Tiefe.

lang an den Klippen Helgolands sehen, so groß ist ihr »Vorrat« in unseren Meeren.

Und die »Dolly Ropes« sind nur ein Problem. Grundsätzlich können Fischernetze großen Schaden anrichten, vor allem, wenn sie verloren gehen. Wer hat nicht schon einmal von den umhertreibenden »Geisternetzen« gehört, in denen sich nicht nur Fische, sondern auch Meeressäuger und Meeresschildkröten tödlich verfangen?

Seit langer Zeit arbeiten Unternehmen an der Herstellung biologisch abbaubarer Netze. Sie könnten nach Ablauf ihrer Lebenszeit sogar kompostiert werden. Und wenn sie dennoch verloren gehen oder am Meeresboden zerreißen, so ist ihre biologische Zersetzung zumindest sehr viel schneller als bei Netzen aus Kunststoff. Doch bis sie tatsächlich in größerem Umfang benutzt werden können, braucht es noch viel Zeit für ihre Entwicklung – Zeit, die die Bewohner unserer Meere nicht mehr haben. Es ist also die Aufgabe der Politik, die Produktion solcher Netze voranzutreiben und dann eine Gesetzgebung zu schaffen, wonach nur noch solche Netze verwendet werden dürfen.

▲ Trügerische Idylle: Auf den ersten Blick wirkt alles in Ordnung. Erst beim genauen Hinsehen werden die Probleme sichtbar.

▸ Ungewisse Zukunft: Noch gibt es viele Basstölpel, aber Überfischung und Netzreste bedrohen sie in der ganzen Nordsee.

EURASISCHE FISCHOTTER

LUTRA LUTRA

»Erstmalig konnten wir Aufnahmen der Unterwasserjagd einer Otterfamilie machen. Das war vorher noch keinem Filmteam gelungen.«

Comeback: Einst waren Fischotter aus fast ganz Großbritanien verschwunden. Durch guten Umweltschutz kamen sie zurück.

HARTE BEDINGUNGEN, TOLLE AUFNAHMEN

Eurasische Fischotter vor den Shetlandinseln

Es ist der 13. Dezember 2019, als ich mich in einer kleinen Propellermaschine den Shetlandinseln nähere. Wieder war es ein Buch, das mich zu dieser Reise inspirierte: *Otters of Shetland*. Dessen Autor, Richard Shucksmith, begrüßt mich mit einem sprachlich stark eingefärbten »Hello, Thomas!« Ich mag das schottische Englisch, auch wenn es mich in den nächsten Tagen oft an die Grenze meines Hörverständnisses bringen wird. Als wir vor dem Flughafen Lerwicks, der Hauptstadt der Shetlandinseln, mein übersichtliches Gepäck in seinem Offroader verstauen, ist es kalt und feucht. Die Kameras habe ich in Hamburg gelassen, ich möchte mich auf dieser Reise nur davon überzeugen, dass sich Dreharbeiten hier wirklich lohnen werden.

Was Richard mir in den nächsten drei Tagen zeigen wird, begeistert mich zutiefst. Eine endlose hügelige Moorlandschaft, nahezu völlig baumlos und doch von einem unvergleichlichen Charme. Die großflächigen Abtragungen durch den noch immer betriebenen Torfstich sind unübersehbar, sonst ist die Landschaft ein reines Klischee: Shetlandponys, Whisky-Destillen und Ruinen säumen unseren Weg.

Doch der Grund meiner Reise ist selbstverständlich ein Tier. Wir wollen Fischotter suchen, genauer gesagt den Eurasischen Fischotter. Seit Jahren fotografiert Richard diese Tiere, und für unsere Filmreihe sind Porträts von Säugetieren von großer Bedeutung. Emotionale Tiergeschichten zu erzählen ist mir sehr wichtig, und das geht mit Säugetieren viel einfacher als mit Fischen, Reptilien oder Vögeln.

»Eine endlose hügelige Moorlandschaft, nahezu völlig baumlos und doch von einem unvergleichlichen Charme.«

Die wenigsten Küsten auf den Shetlandinseln sind direkt mit dem Auto erreichbar, und so sind wir in den folgenden Tagen oft stundenlang zu Fuß unterwegs, um die Ufer abzusuchen. Unsere Mühen werden aber fast immer belohnt. Richard kennt sich unglaublich gut aus und schon bald ruft er: »Look there, Thomas« und reicht mir das Fernglas. Fasziniert beobachte ich einen Otter, der mit einem großen

◂ Die zerklüfteten Küsten Shetlands machen die Suche nach den Ottern schwierig.

▸ Nur ein Griff in die Trickkiste ermöglicht es dem Team, nahe an die Tiere heranzukommen.

Rutschige Felsen sind für den Otter ein leichtes ... für das Filmteam ein Horror.

Taschenkrebs im Maul Richtung Ufer schwimmt. In den nächsten Tagen sehen wir sogar mehrfach eine Mutter mit ihren fast erwachsenen Jungen bei der Jagd. Als ich drei Tage später abreise, steht der Entschluss fest: Hier werden wir filmen.

▲ Über mehrere Kilometer Küste kann sich das Revier eines Otters erstrecken. Oft findet das Team nur Spuren.

› Eine Minute dauert der durchschnittliche Tauchgang bei der Futtersuche.

Corona ändert alles

Was in den folgenden Monaten dann passiert, konnte keiner voraussehen: Immer wieder müssen wir die Dreharbeiten verschieben, denn das Coronavirus verhindert nahezu alle unserer geplanten Reisen. Anstatt selbst bei den Filmarbeiten dabei sein zu können, muss ich diese nun meinen Teamkollegen übergeben. Die Drehs an Land wird Michael Riegler übernehmen, die Unterwasserdreharbeiten meine Kollegen Manuel und Martina. Aufgabe wird es sein, eine Ottermutter mit ihren Jungen zu filmen. Genauer gesagt die ersten Wochen, wenn die Jungen ihre Geburtshöhle verlassen und dann mit der Mutter das Jagen lernen.

Im September 2020 ist es dann endlich so weit, Michael und Richard beginnen mit den Dreharbeiten. Schon in den ersten Tagen unterrichtet mich Michael telefonisch von den üblichen Problemen eines Tierfilmers: Er erzählt mir, wie scheu die Tiere sind. Um auf die optimale Filmdistanz von etwa zehn Metern an sie heranzukommen, braucht es unendlich viel Geduld. Vor allem der Wind muss richtig stehen, denn haben die Tiere Michael und Richard erst einmal gerochen, treten sie schnell die Flucht an. Auch die Uferbeschaffenheit ist für die beiden Filmer schwierig: Die spitzen, zerklüfteten, von glitschigen Algen besiedelten Felsen machen ein unauffälliges Annähern äußerst problematisch.

Doch drei Tage später sieht die Welt meines Teams schon anders aus. Begeistert berichtet mir Michael von seiner ersten tollen Sequenz. Die Ottermutter hatte einen kleinen Dorsch gefangen und für die Kinder an Land gebracht. Das Streiten der Otterbabys um die Beute wurde von einem Krähenpaar beobachtet: Immer wieder bewarf eine der Krähen die kleinen Otter nun mit Meeresschnecken, um die Jungtiere abzulenken. Tatsächlich gelang das auch

»Immer wieder bewarf eine der Krähen die kleinen Otter nun mit Meeresschnecken, um die Jungtiere abzulenken.«

in einigen Fällen, sodass dann die zweite Krähe die Beute stehlen konnte. Ein interessantes Verhalten, von dem ich noch nie gehört hatte, und so bat ich Michael, die Krähen weiter im Blick zu behalten. Außerdem erzählte er mir, dass offenbar eines der Jungen noch nicht am Jagdunterricht teilnimmt. Das ist nicht ungewöhnlich, wie ich wusste. Schon öfter hatte ich solche Beobachtungen in freier Wildbahn gemacht, zuletzt bei den Wildhunden in Südafrika. Auch dort war eines der Jungtiere im Wurf bedeutend kleiner als die anderen und auch viel weniger aktiv. Das Wildhundbaby verstarb damals noch während unserer Dreharbeiten. Könnte dieses Schicksal auch dem kleinen Otterbaby drohen? Ich bat Michael, das Tier besonders zu beobachten, vor allem dann, wenn der Rest seiner Familie zur Jagd im Meer verschwand.

Anpassungsfähige Tiere

Eigentlich jagt der Eurasische Fischotter ausschließlich in Flüssen und Bachläufen. Warum also geht er auf den Shetlandinseln ins Meer? Ganz einfach, weil es hier kaum nennenswerte Flüsse gibt. Dass er sich an die Jagd im Meer angepasst hat, ist nur konsequent.

Um nicht auszukühlen, ist gute Fellpflege im Kelp wichtig …
und ab und zu ein Nickerchen.

◂ Spielerisches Training: Durch Spielen und Raufen lernen die Jungtiere für die Zukunft. Das werden sie bald brauchen, denn Otter sind äußerst territorial und verteidigen ihr Revier gegen Eindringlinge.

Nur drei Bedingungen müssen erfüllt werden, damit sich ein Otter wohlfühlt: klares Wasser, ein ausreichender Fischbestand und Deckungsmöglichkeiten in Ufernähe. Den Fischotter gibt es in ganz Europa. Er lebt in Norwegen und Asien sogar nördlich des Polarkreises, passt sich aber ebenso den Verhältnissen in Marokko an. Richtung Osten lebt er sogar in Japan und kommt auch in Gebirgen bis in einer Höhe von 2500 Metern gut zurecht. Und doch ist er innerhalb dieses Verbreitungsgebiets vielerorts bedroht. War es in der Vergangenheit die massive Bejagung wegen seines Fells, so sind es heute vor allem Umweltverschmutzung und Lebensraumverlust.

Die Otter auf den Shetlandinseln haben die Lebensbedingungen hier gut akzeptiert. Und doch gibt es für sie einen Nachteil bei der Jagd im Meer: Immer wieder verklebt das Fell durch das Salz im Wasser. Auch Kameramann Michael konnte beobachten, wie sich die Tiere im Regen waschen oder sich immer wieder im feuchten Moos der Uferhänge wälzen, um sich zu säubern. Ein mit Salz verklebtes Fell isoliert nämlich deutlich weniger.

Harte Bedingungen für Filmleute

Mittlerweile sind auch Martina und Manuel auf Shetland angekommen. Beide sind ausgebildete Freitaucher, werden also ohne Pressluftflaschen ins Meer gehen und versuchen, die Otter beim Jagdunterricht zu filmen. Ein einziger Atemzug muss ihnen ausreichen, um eine Filmsequenz abzuschließen. Tatsächlich erweisen sich in der Praxis dann andere Umstände als Problem. Um Otter bei der Jagd filmen zu können, eignet sich nur die Ebbe. In der Praxis heißt das: drei Stunden vor Niedrigwasser Arbeitsbeginn und drei Stunden danach Arbeitsende. Da auch ausreichend Sonnenlicht für die Dreharbeiten notwendig ist, haben Manuel und Martina maximal zwei Chancen täglich.

▲ Braunalgenwälder rund um die Shetlandinseln sind die perfekten Jagdgründe für die Otter. In ihnen verbergen sich viele Fische.

Doch damit nicht genug. Das Wetter auf den Shetlandinseln ist eine einzige Katastrophe, zumindest für Filmer. Vor allem die starken Winde lassen an vielen Tagen die Arbeit nicht zu. Schmerzhaft müssen die beiden diese Erfahrung machen. Zum Spielball der Brandung geworden, ist ihr Körper schon nach wenigen Einsätzen von blauen Flecken übersät. Ein Tauchen ist so kaum möglich, geschweige denn, dabei noch die Kamera ruhig zu halten. Nach wenigen Wochen macht sich dann die Erschöpfung breit. Das Wasser ist so kalt, der körperliche Einsatz so groß, dass die beiden immer wieder an ihre Grenzen kommen. Als dann noch ein ausgeprägter Sturm über die Insel peitscht, legen sie erstmal eine Pause ein und überdenken in dieser Zeit auch ihre Herangehensweise.

Immer wieder erschraken die Otter, wenn sie die Köpfe der Taucher aus dem Wasser ragen sahen. Um das zu verhindern, bauten sich Martina und Manuel eine Kopfbedeckung aus Algen – quasi eine Tarnkappe. Diese verhüllt zumindest den Oberkörper, sodass sie beim Auftauchen an der Oberfläche mit der Umgebung verschmelzen. Insgesamt werden die beiden sechs harte Wochen mit der Otterfamilie verbringen, um das gewünschte Filmmaterial zu bekommen. Doch das, was sie dann am Ende mitbringen, ist sensationell. Erstmalig konnten wir Aufnahmen der Unterwasserjagd einer Otterfamilie machen. Das war vorher noch keinem Filmteam gelungen.

› Strandkrabben mögen Jungtiere besonders gern. Sie sind leichte Beute.

KÖNIGSKRABBEN

PARALITHODES CAMTSCHATICUS

»Königskrabben verbringen den Großteil ihres Lebens in der Tiefe. Man glaubt, dass sich ihr Reich zwischen 100 bis 400 Metern unter der Wasseroberfläche befindet.«

Tausende Königskrabben steigen jedes Jahr aus der Tiefe empor, um sich zu paaren.

GIGANTEN AUF DEM VORMARSCH

Königskrabben bei Kirkenes

Schon immer haben mich die gewaltigen Königskrabben fasziniert. Mit einer Beinspannweite von bis 1,80 Meter und einem Gewicht bis 12 Kilo sind sie wahre Giganten. Ihr natürliches Verbreitungsgebiet ist das Beringmeer zwischen Alaska und der russischen Halbinsel Kamtschatka. In den 1960er-Jahren verfügte die russische Regierung dann die Aussiedelung gefangener Tiere in der über 5000 Kilometer entfernten Barentssee, nahe der Stadt Murmansk, denn man wollte die örtliche Versorgungslage mit Nahrungsmitteln verbessern. Der Plan ging auf. Die Krabben vermehrten sich rasant, breiteten sich immer weiter Richtung Süden aus und erreichten schließlich Norwegen.

Ich selbst erfuhr darüber erstmalig Ende der 1990er-Jahre. Damals gab es die ersten Berichte über »Monsterkrabben«, die die Nordsee bedrohen könnten. Heute, viele Jahre später, geraten sie wieder in meinen Fokus. Sind die Königskrabben in Norwegen tatsächlich ein Thema für einen Film über die Nordsee? Ist die Bedrohung tatsächlich ernst oder bauen wir hier eine Story auf, die mehr sensationslüstern ist als real? Fragen über Fragen. Monate später entscheiden wir uns, diese Geschichte doch zu machen. Zu oft schon haben invasive Arten erfolgreich die Nordsee erobert und das Gleichgewicht ernsthaft gefährdet. Womöglich ist es an der Zeit, die Menschen aufzuklären, welche potenziellen Schäden eine menschengemachte Artenverschiebung auslösen kann, bevor es zu spät ist.

Vergebliches Tauchen in Eiseskälte

Nachdem ein erster Reiseversuch im Frühjahr 2021 coronabedingt auf Eis gelegt werden musste, machen sich Martina und Manuel dann im März 2022 auf den Weg. Erneut bin ich gezwungen, die Dreharbeiten zu schwänzen, um dafür das Filmprojekt organisatorisch voranzutreiben. Die Coronazeit hat uns so weit zurückgeworfen, dass wir uns nun schon seit Längerem aufteilen. Bewaffnet mit Trockentauchanzügen und extrem dicker Funktionswäsche, um die Kälte fernzuhalten, machen sich Martina und Manuel auf den Weg nach Nordnorwegen. In der kleinen Küstenstadt Kirkenes treffen sie auf den einheimischen Taucher Anton Kalinin. Seit mehr als 20 Jahren beobachtet er die Königskrabben und hat vielen wissenschaftlichen Teams und Filmern geholfen, das Rätsel um diese Tiere ein bisschen mehr zu lösen.

› Allesfresser: Riesenkrabben fressen alles, was auf oder versteckt im Boden lebt. Selbst Seeigel haben gegen ihre Klauen keine Chance.

Im Bann des Winters: Während an Land das Leben noch Pause macht, beginnt unter Wasser eine Invasion.

Das Meer ist zu diesem Zeitpunkt noch weitgehend zugefroren und die Wassertemperatur dementsprechend um den Gefrierpunkt. Nicht nur die Arbeitsumstände sind hart, auch die Riesenkrabben zu finden ist gar nicht so einfach. Das liegt vor allem an ihrer Lebensweise: Königskrabben verbringen den Großteil ihres Lebens in der Tiefe. Man glaubt, dass sich ihr Reich so um 100 bis 400 Meter unter der Wasseroberfläche befindet. Dort unten gibt es ausgeprägte Sand- und Schlickböden und hier fressen sie nahezu alles, was sie erbeuten können: Seesterne, Schnecken, Muscheln und Seepocken. Sie fressen aber auch Aas und sind für ihren Kannibalismus bekannt. Im Frühjahr steigen die Krabben ins Flachwasser auf, um sich zu häuten und anschließend zu paaren. Manchmal kann man sie dann in geringen Wassertiefen von nur 10 bis 20 Meter finden.

Genau das ist unsere Chance! Das Problem: Dort, wo es so flach ist, ist das Ufer nie weit entfernt, und genau dort hält sich das Eis hartnäckig. Immer wieder tauchen Martina und Manuel mit Unterwasserfahrzeugen unter die Eisschicht. Trotz der motorisierten Hilfsmittel können sie kaum mehr als ein paar Hundert Meter Strecke zurücklegen. In den ersten Tagen kommen die beiden immer wieder frustriert aus dem Wasser: Keine Spur von den Krabben! Sind die beiden Taucher zu früh? Hat der Aufstieg der Krebstiere in die flachen Küstengewässer noch nicht begonnen?

▲ Erste Erfolge: Martina Andrés filmt ein Riesenkrabben-Pärchen. Zwei Wochen hat das Filmteam danach gesucht.

▼ Wind und Schnee: Das offene Boot bietet keinen Schutz vor den Elementen.

Dass die Dreharbeiten kein Zuckerschlecken werden würden, war allen bekannt, aber als Anton dann eines Abends erklärt, dass sein Kabinenboot einfach zu langsam ist, um den Suchradius zu vergrößern, macht sich Frustration breit. Die einzige Alternative, die er anbieten kann: ein Schlauchboot mit starker Motorisierung, aber ohne schützende Kabine. Im gemeinsamen abendlichen Telefonat entscheiden wir uns für diese Option. Wir haben keine Wahl, denn im Herbst dieses Jahres müssen die Dreharbeiten abgeschlossen sein, um das Gesamtprojekt nicht zu gefährden. Im offenen Boot, dem eisigen Fahrtwind ausgesetzt, wird es also nun noch härter.

Paarungszeit

Es ist Tag sieben der Dreharbeiten, als ich abends einen Anruf von Manuel und Martina erhalte: Sie haben die Krabben endlich gefunden. Begeistert erzählen sie von ihren Erlebnissen. Sie wurden tatsächlich Zeugen, wie sich eine ganze Armee von

Riesenkrabben den Steilhang aus der Tiefsee hinaufarbeitet und in der flachen Uferregion ankommt. Auch konnten sie beobachten, wie die ersten Krebstiere mit der Häutung beginnen. Sie schlüpfen regelrecht aus dem alten Panzer heraus. Das neue »Schutzschild« ist noch weich und braucht einige Tage, um wieder auszuhärten. Genau diesen Moment nutzen die Krabben zur Paarung, denn nur unmittelbar nach der Häutung sind die Weibchen dazu bereit. Eine Paarung zu filmen wäre wichtig für uns, und darauf wollen sich Manuel und Martina in den nächsten Tagen konzentrieren.

»Es kostet gewaltige Überwindung, immer und immer wieder ins Wasser zu gehen, wenn der Körper schon völlig ausgekühlt ist. Doch es lohnt sich: Jeder Tauchgang bringt neue Aufnahmen.«

Während unserer Dreharbeiten erfahren wir dann, dass auch in Großbritannien plötzlich »Monsterkrabben« entdeckt wurden. Fischer haben dort nun immer häufiger Riesenkrabben in ihren Fangkörben. Sollen wir hinfahren? Wir zögern. Mit Sicherheit gibt es dort noch viel zu wenig Tiere, um sie eindrucksvoll filmen zu können, und noch etwas verunsichert uns: Bisher gibt es keine wissenschaftlichen Untersuchungen über die dort gefangenen Tiere, die ihre Identität als Königskrabben eindeutig beweisen. Wir warten ab.

Noch immer sind Manuel und Martina in Kirkenes. Ihre Kräfte gehen dem Ende zu, das merke ich bei jedem Telefonat. Bis zu drei Tauchgänge versuchen sie täglich zu machen, denn noch immer fehlen ihnen die Aufnahmen einer Krabbenpaarung. Es kostet gewaltige Überwindung, immer und immer wieder ins Wasser zu gehen, wenn der Körper schon völlig ausgekühlt ist. Doch es lohnt sich: Jeder Tauchgang bringt neue Aufnahmen.

Gefährlicher Kahlfraß

Auch im Flachwasser sind die Krabben fleißig am Fressen. Meinem Team gelingen Bilder, die einem Horrorszenario gleichen: Die Riesenkrabben vertilgen alles, was sich auf oder im Meeresboden versteckt. Wie Straßenbagger arbeiten sie sich durch den Untergrund. Die Armee der Krabben umgibt eine regelrechte Staubwolke. Wenn sie weiterziehen, gleicht der Meeresboden einer Wüste. Genau das macht die Krabben zu einer potenziellen Bedrohung für die Nordsee.

Als mir nun allabendlich diese Bilder zugeschickt werden, bin ich begeistert, aber auch beklommen. Die Krabben haben bereits große Teile ihres eigentlichen Lebensraums in der Tiefe »leergefressen«. Diese Böden sind nicht völlig tot, aber die für die Krabben als Nahrung geeigneten Tiere sind größtenteils vertilgt. Es kommt zu einer Artenarmut, und irgendwann funktioniert die Lebensgemeinschaft am Meeresgrund nicht mehr und bricht zusammen. Die Krabben ziehen dann einfach weiter.

In den letzten Jahren stellten Forscher fest, dass sich die Krabben um circa 50 Kilometer pro Jahr Richtung Süden und damit in Richtung Nordsee vorarbeiten. Auch konnte man feststellen, dass sich die Population offenbar sprunghaft nach Süden verbreitet. Ist die Populationsdichte der Tiere zu hoch, dann

▸ Am Ende der Kräfte: Die langen Tauchgänge bei minus ein Grad Celsius kaltem Wasser bringen das Team an seine Grenzen.

machen sich, so scheint es, gleich mehrere auf den Weg Richtung Süden, um der Konkurrenzsituation durch die eigene Art zu entkommen.

Je weiter südlich die Krabben vordringen, desto wärmer wird aber das Meer. Ist das ein Problem für sie? Dagegen spricht, dass es in ihrer gewohnten Tiefe, also auf mehreren 100 Metern, nie wärmer ist als vier Grad. Auch fand man bei Laboruntersuchungen heraus: Je weiter die Temperatur Richtung sechs Grad steigt, desto höher ist auch die Überlebensrate der Nachkommen. Aber wenn es den Krabben weiter im Süden so gut gehen würde, warum sind sie dann nicht längst in der Nordsee angekommen? Eine abschließende Antwort muss leider ausbleiben.

◂ Riesenkrabben gehören nicht hierher, sie wurden als potenzielle Einnahmequelle für Fischer in Russland absichtlich freigelassen. Seither verbreiten sie sich unkontrolliert – auch Richtung Nordsee.

▾ Gefräßige Armee: In der Tiefsee haben sie schon großen Schaden angerichtet. Seesterne wie dieser sind dort teilweise fast ganz verschwunden.

Endlich Erfolg!

Nach fast 14 Drehtagen kommt die erlösende Nachricht von Manuel und Martina: Sie konnten die Krabbenpaarung endlich filmen. Dabei packt sich das Männchen eine Partnerin und lässt diese nicht mehr los. Bis er sie wieder freigibt, kann es dauern, denn es muss ja erst auf die Häutung des Weibchens warten. Die Aufnahmen sind wirklich fantastisch und wir beschließen, die Dreharbeiten für diese Geschichte zu beenden. Wir haben alles, was wir brauchen.

Im Sommer 2022 erreicht uns dann eine Pressemitteilung aus Großbritannien: Bei den dort gefangenen Riesenkrabben handelt es sich nicht um die Königskrabbe, sondern um die sehr ähnliche Nördliche Steinkrabbe. Erst einmal Entwarnung also, noch haben es die Königskrabben nicht geschafft, in die Nordsee vorzudringen. Ob das auch so bleibt, wird die Zukunft zeigen.

◂ Geduld: Das Männchen trägt das Weibchen mit sich herum, bis dieses paarungsbereit ist. Erst nach der Häutung ist das der Fall, und das kann Wochen dauern. Dann wird sie mehrere Millionen Eier legen.

Nicht ohne Gefahren: Oft hat das Team auch unter dem Eis nach Krabben gesucht.

ORCAS

ORCINUS ORCA

»Das Faszinierendste ist für mich die Intelligenz dieser Tiere, und die zeigt sich am besten, wenn sie auf Beutezug sind.«

Magischer Moment: Die Rückenflosse eines Orcabullen taucht auf. Sie kann bis zu zwei Meter lang werden.

KLUG, SCHNELL – UND KAMERASCHEU

Schwertwale vor den Shetlandinseln

Bei dem Wort »Orca« schlagen wohl die Herzen vieler Menschen höher. Die schwarz-weiß gezeichneten Meeressäuger sind die größten Delfine der Welt. Oft werden sie auch Schwertwale genannt, das bezieht sich auf die ausgesprochen hoch aufragenden Rückenflossen der Männchen. Die Bullen werden mehr als neun Meter lang.

So groß und eindrucksvoll diese Männchen auch sind – im Leben der Orca-Gemeinschaft spielen sie nur eine Nebenrolle.

Orcas leben in Familienverbänden. Dieser Verband wird von einem erfahrenen Weibchen geführt und besteht meist aus ihren Kälbern und deren Nachkommen. Sie bleiben fast immer zusammen, und nur selten wird eines der Männchen zum Einzelgänger. Die Tiere dieser Mutterlinie schwimmen und jagen gemeinsam und kümmern sich um den Nachwuchs, dem sie Jagdstrategien beibringen und alles, was sonst zum Leben notwendig ist. Neben dieser Mutterlinie gibt es weitere komplexe Sozialstrukturen bei den Orcas: Schulen, Clans und weitere Gemeinschaften, die sich zu bestimmten Jagdgelegenheiten zusammentun.

Das Faszinierendste aber ist für mich die Intelligenz dieser Tiere, und die zeigt sich am besten, wenn sie auf Beutezug sind: Sie schließen sich zur Treibjagd zusammen, nutzen Deckungsmöglichkeiten, um so lange wie möglich unentdeckt zu bleiben, und sie entwickeln regelrechte Strategien, die sie gemeinsam zum Erfolg bringen. Es gibt keinen anderen Meeressäuger, der so erfolgreich den ganzen Globus erobert hat, wie der Orca. Sie in unserer Dokumentation über die Nordsee zu porträtieren ist daher nahezu ein Muss!

Wiedersehen mit den Kegelrobben

Wieder wissen hier Richard Shucksmith und sein Freundeskreis, die uns schon im Zusammenhang mit den Flussottern halfen (siehe S. 174), am besten Bescheid. In unregelmäßigen Abständen, meist jedoch im Sommer, kommen Orcafamilien zu den Shetlandinseln, um hier zu jagen. Schon bei meinem ersten Besuch im Dezember 2019 zeigte mir Richard eindrucksvolle Aufnahmen, die er mit seiner Flugdrohne gemacht hat: Eine Orcafamilie, die eine Kegelrobbe immer weiter in eine Meeresbucht treibt, bis es so flach ist, dass es kein Entkommen mehr gibt. Weitere Aufnahmen zeigen einen Orcabullen,

◂▸ **Teamwork:** Orcas jagen meist im Familienverband. Verschiedene Tiere übernehmen dabei spezielle Rollen. Das macht den Schwertwal zu einem der erfolgreichsten Jäger im Ozean.

In den zerklüfteten Küsten versteckt sich ihre Beute: Kegelrobben!

der eine Kegelrobbe bewusstlos geschlagen hat und dann auf seine Familie wartet, damit sie sich schließlich die Beute teilen können. Solches Material habe ich noch nie gesehen und mir wird klar, dass ich mir sofort die Bildrechte dafür sichern muss. Was für eine komplette Geschichte noch fehlt, sind die Unterwasseraufnahmen.

So machen sich im Herbst 2021 erneut Martina und Manuel auf, um genau diese Aufnahmen zu bekommen. Schon bei den ersten Tauchgängen mit den Kegelrobben sind die beiden begeistert. Es ist vor allem die Nähe und Vertrautheit, die sich mit diesen Tieren schnell einstellt. Immer wieder nehmen sie Körperkontakt mit den Filmern auf. Sie knabbern den Tauchern in die Flossen oder stupsen sie an. Überhaupt sind die Kegelrobben sehr friedliche Tiere. Immer wieder erzählen mir Manuel und Martina von diesen wundervollen Begegnungen. Einmal entdeckt ein Kegelrobben-Weibchen einen kleinen Oktopus. Anstatt ihn kurzerhand zu fressen, spielt das Tier ausgiebig mit dem Tintenfisch. Offensichtlich ist die Neugier größer als der Drang, den Oktopus zu fressen. Es sind bewegende Bilder, die mir die beiden allabendlich schicken.

Zu schnell für uns

Nach etwa einer Woche kommt endlich die erlösende Nachricht von Richard Shucksmith und seinen Freunden: Es wurden Orcas gesichtet. Werden sie wieder nach Kegelrobben jagen? Und wenn ja, wo genau?

Es ist wirklich nicht einfach, mit Orcas zu arbeiten, denn sie sind äußerst schnell. Nur wenn man ihr genaues Ziel kennt, hat man als Filmemacher überhaupt eine Chance. In Filmen hat man schon gesehen, wie Orcas in Argentinien Torpedos gleich aus dem Wasser auf den Strand schießen, um sich dort Seelöwen zu packen. Und auch die Bilder aus dem Norden Norwegens sind bekannt, wo gleich mehrere Orcafamilien die Heringsschwärme zu einer »Kugel« zusammentreiben, um sie dann zu fressen. In beiden Fällen ist es für uns Filmemacher viel einfacher erfolgreich zu sein, denn wir wissen zumindest in etwa, wo die Aktion stattfindet.

◂ Mit bis zu zweieinhalb Meter Länge sind Kegelrobben die größten Jäger der Algenwälder.

▾ Die flachen Uferregionen bieten perfekte Kinderstuben für die Kegelrobben-Jungen.

Kegelrobben sind sehr neugierige Tiere. Ein Oktopus weckt sofort das Interesse.

Die Orcas hier auf den Shetlandinseln haben aber keinen exakten Ort, an dem sie nach Kegelrobben suchen, sie patrouillieren einfach entlang der Ufer, und wenn sie eine Robbe entdecken, versuchen sie diese zu erbeuten. Ihnen dabei zu folgen, ist kaum möglich. Direkt an den Küsten gibt es kaum Straßen, und auch die Verfolgung der großen Tiere mit einer Drohne führt nicht zum Erfolg. Zumindest ist das unser Resümee – nach mehreren Wochen.

Am Ende gelingen Martina und Manuel doch einige schöne Aufnahmen, aber eine Jagdszenerie bekommen sie weder über noch unter Wasser vor die Linse. Nachdem ich nochmals das bereits vorhandene Material von Richard angeschaut habe, bin ich mir dennoch sicher, daraus eine schöne Geschichte machen zu können. Mein Filmteam kann also beruhigt zum nächsten Drehort reisen.

› **Heimat:** Die Braunalgen bieten den Robben nicht nur Schutz, hier finden sie auch reichlich Nahrung.

Immer auf der Hut: Nur an Land sind die Robben vor den Orcas sicher.

STRANDKRABBEN

CARCINUS MAENAS

»Ich werde Zeuge, als das Männchen ganz vorsichtig auf das Weibchen zugeht und ihr mit seinen Scheren zärtlich über den Panzer streichelt.«

Harte Schale, weicher Kern: Bei der Krabbenpaarung geht es zärtlicher zu als gedacht.

WAHRE ÜBERLEBENSKÜNSTLER

Strandkrabben im Wattenmeer

Das Wattenmeer der Nordsee ist das größte der Welt. Es erstreckt sich über fast 500 Kilometer von Dänemark bis nach Holland. Es gehört, neben den Hochalpen, zu den größten natürlichen Lebensräumen in ganz Westeuropa. Allein unter Wasser leben etwa 2500 Arten, an Land nahezu ebenso viele. Es dient Millionen von Zugvögeln als Rastplatz und kann sie alle ernähren. Ein Lebensraum der Superlative – und das in unserer Nordsee. Die Frage, ob wir diesen Lebensraum porträtieren sollen, stellt sich eigentlich gar nicht erst – wir müssen!

Doch wie soll man das Wattenmeer porträtieren? Dieses »Wie« wird zu einer der größten Herausforderungen. Die Bewohner, egal ob Zugvögel, Fische oder andere Tiere, haben keinen festen Wohnsitz. Sie alle pendeln mit den Gezeiten, also dem ständigen Wechsel zwischen Ebbe und Flut, hin und her.

Die Antwort darauf, wie wir hier arbeiten wollen, muss durch die Antwort auf eine andere Fragestellung gefunden werden. Die Frage lautet: Wer ist eigentlich unser Hauptprotagonist? Mir wird klar: Es kann nur ein Tier sein, welches ganzjährig das Wattenmeer bewohnt. Leider fallen die Seehunde raus, denn die haben wir schon in einer anderen Folge vorgestellt. Nach vielen Tagen des Nachdenkens fällt meine Wahl auf ein zunächst unscheinbar wirkendes Tier: die Strandkrabbe! Sie gibt es im gesamten Wattenmeer. Auf jeder Insel, an jedem Ufer des Festlands und weit draußen. Und sie ist immer da! Perfekt.

Nun braucht es aber noch eine Herausforderung für unsere Strandkrabbe. Einen Gegenspieler! Diese Fragestellung beschäftigt mich über Monate. Die Handvoll Vogelexperten, die ich konsultiere, hat unterschiedliche Vorstellungen vom perfekten Kontrahenten. Am Ende folge ich meiner Intuition und entscheide mich für: die Eiderenten. Sie sind als Krabbenfresser bekannt und zumindest einigermaßen gut zu filmen.

Die Besetzung für dieses Kapitel steht! Meistens sind es diese Entscheidungen, die den Ausschlag geben, ob eine Folge erfolgreich gefilmt werden kann und später vom Zuschauer als interessant und befriedigend empfunden wird. Solche Fragen muss der Filmemacher schon vor Beginn der Dreharbeiten klären und ein genaues Konzept, ja, eine Dramaturgie festlegen, sonst endet alles im Mittelmaß.

◂ **Im Bann der Gezeiten:** Im Wattenmeer legt die Ebbe große Flächen Meeresgrund frei.

▸ **Für die meisten Tiere** ist der Wandel im Wattenmeer ein Problem, nicht aber für die Strandkrabbe.

Der Schein trügt: Der auf den ersten Blick leblose Schlickgrund gehört zu den artenreichsten Ökosystemen der Nordsee.

Leben mit Ebbe und Flut

Die Strandkrabbe also. Was mich an diesem Tier ganz besonders fasziniert, ist seine Atmung. Das Krebstier verfügt ähnlich wie Fische über Kiemen, kann aber auch ohne von Wasser umgeben zu sein sehr lange überleben. Die Kiemen halten einen großen Wasservorrat. Wenn nun die Krabbe mit ihren Mundwerkzeugen einen Luftstrom erzeugt, kann sie so die Kiemen mit Sauerstoff versorgen. Dabei bilden sich Wasserbläschen vor ihrem Mund. Etwa zwölf Stunden können die Tiere auf diese Weise überleben – eine Veranlagung, die sie von vielen anderen Bewohnern des Wattenmeeres unterscheidet. Die meisten anderen müssen mit Ebbe und Flut hin und her wandern. Die Strandkrabbe hat das nicht nötig, sie versteckt sich meist unter Steinen und Algenbüscheln.

Die außergewöhnlichen Fähigkeiten der Strandkrabbe in Nahaufnahmen zu porträtieren, ist in der Natur kaum möglich. Zu diesem Zeitpunkt erinnere ich mich an meinen Kollegen Michael Riegler, einen Kameramann, mit dem ich schon lange zusammenarbeite. Michael hat für seinen eigenen Film über die Friesischen Inseln ein Gezeiten-Aquarium gebaut und damit sehr gute Ergebnisse erzielt. Mit einem ausgeklügelten, unter dem Boden installierten Pumpensystem kann man Ebbe und Flut simulieren. Und es sieht später im Film täuschend echt aus. Es werden die einzigen Aufnahmen sein, die wir nicht in der Natur machen, aber um extreme Nahaufnahmen der Krabbe bei Ebbe und Flut zu bekommen, geht es nicht anders.

Überhaupt spielen die Gezeiten eine unglaublich wichtige Rolle im Wattenmeer. Dass es sie überhaupt gibt, ist einzig und allein dem Mond zu verdanken: Er zieht das Meerwasser an, und so entsteht ein Wasserberg, den der Mond bei seiner Umrundung der Erde mit sich nimmt. Zweimal täglich wird das Wattenmeer so durch diesen Berg aus Wasser überflutet. Auch das wollen wir filmisch festhalten.

Gemeinsam mit meinem Kollegen Josh Miller, unserem ausgewiesenen Drohnenpiloten, mache ich mich auf den Weg. An mehreren Stellen überfliegen wir das Wattenmeer sowohl bei Ebbe als auch bei Flut. Später werden diese Aufnahmen mit Zeitrafferaufnahmen zusammengeschnitten und es entsteht ein faszinierendes Schauspiel des ständigen Wandels im Bann der Gezeiten.

Dieser permanente Wasseraustausch und die damit eingebrachten Nährstoffe machen das Wattenmeer so attraktiv für seine tierischen Bewohner.

◂ Speed-Dating: Ein Eiderentenmännchen versucht, ein Weibchen zu beeindrucken.

▾ Die Schale bleibt dran: Eiderenten fressen ihre Lieblingsspeise, die Miesmuschel, im Ganzen.

Übrigens ist das Wattenmeer der Nordsee das größte und artenreichste der Welt, 2009 wurde es von der UNESCO als Weltnaturerbe anerkannt.

Üppig gedeckter Tisch für Zugvögel

Die zahlreichen Würmer, Schnecken, Fische und Krebstiere, die hier leben, ziehen unzählige Gäste an: Zugvögel, die Nomaden der Lüfte. Hunderttausende von ihnen machen alljährlich Rast im Wattenmeer, um sich vor der Weiterreise in ihre Brutgebiete hier zu stärken. Dieses gigantische Schauspiel zu dokumentieren, übertrage ich auf Thies Hinrichsen. Der junge Kameramann ist sehr ausdauernd und arbeitet auch gern mal allein. Beste Voraussetzungen für diesen Job. Was Thies dann in den nächsten Monaten an Filmmaterial mitbringt, ist sensationell. In manchen Bildern sind wohl mehr als zehntausend Vögel zu sehen. Die Aufnahmen zeigen eindrucksvoll, wie die Zugvögel einer Invasion gleich das Wattenmeer einnehmen.

»Zugvögel, die Nomaden der Lüfte. Hunderttausende von ihnen machen alljährlich Rast im Wattenmeer, um sich vor der Weiterreise in ihre Brutgebiete hier zu stärken.«

Für unseren Hauptprotagonisten, die Strandkrabbe, sind die meisten dieser Vögel ungefährlich, aber zwischen ihnen versteckt sich einer, der nur so harmlos aussieht, gewissermaßen der Wolf im Schafspelz: die Eiderente! Als einer der wenigen Vögel im Wattenmeer kann sie ausgezeichnet tauchen. Und sie liebt Strandkrabben!

Ich beauftrage Thies damit, mehrere Minikameras am Meeresgrund aufzustellen, um zu schauen, ob wir Aufnahmen von der Jagd der Eiderenten auch unter Wasser machen können. Während die Dreharbeiten an Land äußerst gut verlaufen und Thies eindrucksvolle Bilder von der Krabbenjagd der Enten bekommt, ziehen sich aber unsere Bemühungen unter Wasser über viele Monate hin. Die Ausbeute ist so schlecht, dass sich allein diese Dreharbeiten über ganze zwei Jahre erstrecken werden. Wir brauchen wirklich einen langen Atem. Erst dann sind wir zufrieden.

Strandkrabben im Liebesglück

Der eigentliche Höhepunkt dieses Kapitels aber soll die Paarung der Strandkrabben sein. Das zu filmen werde ich selbst übernehmen. Die beste Zeit dafür ist der Spätsommer, und so beginne ich meine Dreharbeiten Anfang August. Und ich muss nicht lange suchen. Schon bei meinem ersten Tauchgang entdecke ich gleich mehrere Strandkrabbenpaare. Das Weibchen hat sich unter den Körper des Männchens geklemmt, sodass ihr gepanzerter Rücken kaum den Meeresboden berührt. Das Männchen trägt sie nun mit sich, bis sie zur Paarung bereit ist. Fortpflanzen können sich auch diese Krebstiere nur unmittelbar nachdem sich das Weibchen gehäutet hat (siehe S. 228). Darauf muss das Männchen nun warten.

Ich aber suche nach Strandkrabben, die noch nicht »verpaart« sind. Ich möchte die erste Annäherung, quasi das Liebesspiel filmen. Tatsächlich stoße

➤ **Austernfischer suchen** mit ihrem langen Schnabel nach Futter im Sandgrund.

ich bereits bei meinem zweiten Tauchgang auf so eine Situation. Genauer gesagt provoziere ich sie ungewollt: Ein Krabbenmännchen wird von mir aufgeschreckt und flüchtet geradezu in die Arme bzw. Scheren einer Krabbendame. Im selben Moment haben die Tiere mich völlig vergessen. Ich habe unverschämtes Glück, denn ich habe bei diesem Tauchgang unser Schnorchelobjektiv dabei, eine sehr lange und dünne Unterwasseroptik, die es erlaubt, die Krabben auf Augenhöhe, also nur wenige Zentimeter über dem Meeresboden zu filmen. Schon während ich die Aufnahmen mache, weiß ich genau: Das hat noch niemals jemand so gefilmt. Ich werde Zeuge, als das Männchen ganz vorsichtig auf das Weibchen zugeht und ihr mit seinen Scheren zärtlich über den Panzer streichelt. Das geht minutenlang so. Es sind diese Momente, die mich so unschätzbar glücklich machen. Auch ich entdecke immer noch Verhaltensweisen, von denen ich nicht geglaubt hätte, dass es sie gibt.

Doch ganz plötzlich wandelt sich das Bild. Das Weibchen nimmt Reißaus. Als ich mich umschaue, begreife ich – ein zweites Männchen ist erschienen. Sofort reagiert das erste! Mit erhobenen Scheren schießt es auf den Herausforderer zu. Ich komme den beiden in ihrem dynamischen Kampf kaum hinterher. Glück für mich, der Kampf dauert Minuten, und wieder ignorieren die beiden Kontrahenten die Nähe der Kamera komplett. Ich fasse es kaum, als ich die Bilder später sehe.

Die Überzeugungskraft von Bildern

Ich könnte tanzen vor Freude! Und während wir für manche Aufnahmen Monate oder Jahre gekämpft haben, gelingt es mir diesmal, in nur zwei Tagen alle zu bekommen, die ich für die Strandkrabbenpaarung brauche. Manchmal ist Timing einfach alles! Ich freue mich so sehr, diese Bilder irgendwann einem großen Publikum zu zeigen. Es sind genau diese Tiere und diese Momente in ihrem Leben, von denen wir Menschen nichts wissen, obwohl sie hier an unseren Küsten leben.

Und es sind solche Bilder, die uns zeigen, wie empfindsam und schützenswert diese Tiere sind. Sie alle – egal ob Krabben, Orcas, Seerobben und Seehasen, Muscheln oder Skuas. Erst wenn wir solche intimen Einblicke in ihr Leben bekommen, können wir auch abschätzen, wie wichtig der Schutz ihres Lebensraumes ist. Dass der bereits aus dem Gleichgewicht geraten ist und die Welt der Tiere und Pflanzen in Nord- und Ostsee schon empfindlich verletzt wurde, auch das konnten wir bei unserer Arbeit überall und jederzeit feststellen. Umso wichtiger ist es, dass wir Filmemacher auf solche Gefahren hinweisen und auf diese Weise verdeutlichen, wie eng in dieser faszinierenden Wasserwelt alles miteinander verknüpft ist und voneinander abhängt.

▸ **Weit gereist:** Viele der Knutts, Brutvögel der arktischen Küstentundra, kommen aus Kanada über 4000 Kilometer entfernt, hierher.

◂ **Abwarten:** Bis das Weibchen paarungsbereit ist, wird es vom Männchen umhergetragen.

Bis zu zehn Millionen Zugvögel nutzen das Wattenmeer auf ihrer Reise, um zu rasten und zu fressen.

MEER UND MENSCH IN GEFAHR

Warum sind gesunde Meere so wichtig?

Seit über drei Milliarden Jahren gibt es Leben auf unserem Planeten. Es entwickelte sich zunächst im Meer, und erst vor gut 400 Millionen Jahren begannen Tiere die Kontinente zu erobern. Das Meer ist also die Wiege des Lebens. Noch heute ist es das größte Ökosystem unserer Erde, faszinierend, mystisch und für den einen oder anderen auch bedrohlich.

Sicher ist: Wir Menschen schenken unseren Ozeanen zu wenig Beachtung. Dass wir sie so stiefmütterlich behandeln, hat viele Gründe. Wir sind ganz offensichtlich Landbewohner, leben auf einer Insel oder auf einem der großen Kontinente – auf Landmassen mit festem Boden. Was hier an Land geschieht, betrifft uns unmittelbar und erscheint uns viel wichtiger, denn: Wir sehen es. Bei den Meeren ist das anders. Was darin vor sich geht wissen wir nicht, da uns dieses Leben unter der Oberfläche verborgen bleibt.

Im Folgenden möchte ich Sie auf einige Fakten aufmerksam machen, die klar vermitteln, warum gesunde Meere so unfassbar wichtig sind – auch für das Leben von uns Menschen an Land.

Die Versauerung der Meere und unsere Atemluft

Mehr als 70 Prozent der Erdoberfläche entfallen auf die Weltmeere. Ihr Einfluss auf eine unversehrte und funktionierende Erde ist entsprechend hoch. Das fängt bereits mit der »Luft zum Atmen« an, genauer gesagt mit dem Sauerstoff, den ein Großteil aller Lebewesen zum Leben braucht.

Wussten Sie, dass in den Meeren Sauerstoff produziert wird? Mikroalgen, das sogenannte Phytoplankton, produzieren über Fotosynthese mindestens die Hälfte des in unserer Atmosphäre befindlichen Sauerstoffs. Wir atmen sozusagen das Meer. Stellen Sie sich vor, dieser Sauerstoff würde sich massiv verringern … Genau dieses Szenario ist nicht unwahrscheinlich, denn tatsächlich wird das Phytoplankton immer weniger. In den meisten Ozeanregionen hat es messbar abgenommen – im globalen Durchschnitt jährlich um ein Prozent. Allein in den letzten 60 Jahren verringerte sich die Masse an Phytoplankton um etwa 40 Prozent. Eine bedrohliche Entwicklung. Aber woran liegt das?

Die Atmosphäre um unseren Blauen Planeten funktionierte schon immer wie ein Treibhaus. Sie hielt die von der Sonne kommende Energie in sich gefangen und sorgte für mehr oder weniger konstante Temperaturen. Natürlich gab es auch immer wieder große Veränderungen: Eiszeiten, ausgelöst durch eine veränderte Erdumlaufbahn, massive Vulkanausbrüche und Einschläge von Asteroiden haben das Leben auf unserer Erde immer wieder auf den Kopf gestellt. Manche von ihnen führten zu einem umfangreichen Artensterben.

Doch eines gab es noch nie: Ein Lebewesen, das innerhalb eines sehr kurzen Zeitraums die Erde nachhaltig und weiträumig veränderte. Die Rede ist vom Menschen.

Alles begann damit, dass wir fossile Brennstoffe wie Erdöl, Kohle und Erdgas nutzten. Bei deren Verbrennung entsteht unter anderem Kohlendioxid, das in die Atmosphäre entweicht. Die Treibhauswirkung wurde damit zunehmend stärker, die Erde unter der »Käseglocke« immer wärmer. Heute sprechen wir daher immer vom Treibhauseffekt.

▲ Algenwälder sind für uns Menschen wichtige Ökosysteme. Sie schützen nicht nur die Küsten vor Wellen, sondern sind auch Kinderstube vieler kommerziell wichtiger Fische.

Wenn das Plankton stirbt

Da das Wasser eine etwa viermal höhere Wärmekapazität als die Luft hat, nimmt das Meer einen Großteil der Wärmeenergie aus der Atmosphäre auf. Die Temperaturen in unseren Ozeanen steigen also an. Das hat weitreichende Auswirkungen auf das Phytoplankton, denn der Temperaturanstieg reduziert den Austausch von kalten, nährstoffreichen Wasserschichten in der Tiefe mit den warmen an der Meeresoberfläche. In der Folge kommt das Phytoplankton an immer weniger Nährstoffe aus dem kalten Wasser, um sich zu ernähren.

Und das ist nicht das einzige Problem der Mikroorganismen: In den letzten 200 Jahren wurde nahezu ein Drittel des durch die Nutzung von fossilen Brennstoffen freigesetzten Kohlendioxids von den Weltmeeren aufgenommen. Das zeigen neueste Erhebungen.

Ebenso wie die Luft, kann auch das Meer Kohlendioxid aufnehmen. Dieses Kohlendioxid reagiert im Meer zu Kohlensäure und genau die wiederum zersetzt das Kalkskelett des Phytoplanktons. Das hat Folgen: Immer weniger Plankton produziert immer weniger Sauerstoff und kann auch immer weniger Kohlendioxid verstoffwechseln. Das Schlimmste daran: Plankton ist die Nahrungsgrundlage aller Fische und Meeresbewohner! Stirbt das Plankton, dann sterben auch alle größeren Meereslebewesen.

Wirtschaftliche Abhängigkeit der Menschen

Und schon sind wir beim nächsten Problem: Als Lieferant eiweißreicher Nahrung sind die Ozeane nicht wegzudenken. Entsprechend groß ist die Wirtschaftskraft der Fischerei. Etwa 800 Millionen Menschen gelten als wirtschaftlich abhängig von den Früchten der Meere. Sei es im Fang, der Produktion oder dem Verkauf. In den Entwicklungsländern ist die Abhängigkeit besonders groß. Von dort kommt nicht nur der Löwenanteil des Fangvolumens, sondern auch ein Großteil der in der Fischindustrie beschäftigten Menschen.

Wenn nun die Menge an Phytoplankton schrumpft und damit die Nahrungsgrundlage für die von Menschen genutzten Meerestiere und -früchte wegfällt, droht nicht nur der totale Zusammenbruch der Fischbestände, dies würde auch Millionen von Menschen die Lebensgrundlage entziehen.

Anstieg des Meeresspiegels

Wir haben weiter oben darüber gesprochen, dass das Meer einen Großteil der Wärme aus der Atmosphäre aufnimmt. Fast alle Stoffe dehnen sich bei Erwärmung aus, ihr Volumen steigt also. Gase wie Helium tun das ebenso wie feste Körper. Eisen dehnt sich bei Erwärmung aus – und Wasser eben auch. Wenn sich also die Meere aufgrund der Erwärmung ausdehnen, muss zwangsläufig der Meeresspiegel steigen. In den letzten 100 Jahren stieg er bereits um etwa 20 Zentimeter an, und das mit steigendem Tempo. Noch hat das Abschmelzen der Gletscher einen vergleichsweise kleinen Anteil daran, doch das könnte sich schon bald dramatisch ändern.

Die Landwirtschaft auf unserem Planeten konzentriert sich zu einem großen Teil auf die Küstenebenen und Inseln. Und meist dort, wo das Land

◂ **Nicht nur uns Menschen:** Die globale Erwärmung stellt viele Tiere vor schier unlösbare Probleme.

flach ist. Wie sollen diese Menschen dort langfristig überleben? Wissenschaftliche Betrachtungen lassen vermuten, dass viele Millionen Menschen ihre Heimat verlieren werden. All das könnte zu ungeahnten Flüchtlingswellen und weitreichenden politischen Konflikten führen.

Wie Klima und Meere zusammenhängen

Alles beginnt mit Physik. Würde man die Atmosphäre zusammenpressen, entspräche sie einer nur etwa drei Meter dicken Schicht aus Meerwasser. Zum Vergleich: Die Weltmeere sind im Schnitt über 3500 Meter tief. Wir sprechen also über einen Faktor der das Tausendfache überschreitet. Die Ozeane speichern daher deutlich mehr Wärme als die Atmosphäre.

Diese Wärme ist der treibende Motor – nicht nur für die Entstehung und Stärke von Winden. Die Verteilung der Wärme bestimmt letztendlich auch Temperaturen und Niederschläge auf unserer Erde. Wie sich die auf unserem Planeten darstellen, ist wiederum beeinflusst von den Meeresströmungen: Denn sie verteilen die verschieden temperierten Wasserschichten nach einem genauen Muster rund um die Erde. Wenn sich also die Meeresströmungen verändern, müssen wir auch mit klimatischen Veränderungen rechnen. Und genau das passiert bereits.

Seit etwa 1990, so konnten Wissenschaftler kürzlich herausfinden, sind die Strömungen in unseren Ozeanen schneller geworden. Vor allem in den Tropen. Als Ursache erkannte man die Zunahme der Winde. Diese treiben nämlich die Wasserbewegungen der Strömungen an. Immer mehr Energie in unserer Atmosphäre führt zu immer stärkeren Winden, häufigeren Niederschlägen und in der Folge Überflutungen. Nicht überall, aber in bestimmten Regionen. Besonders betroffen von der Beschleunigung durch Winde sind vor allem Oberflächenströmungen. Bei den Tiefenströmungen sieht das ganz anders aus. Eine der wichtigsten Strömungen für das Klima in Europa ist der Golfstrom. Um seine Funktion zu verstehen, lohnt ein Blick in den hohen Norden:

Auf dem Weg vom Golf von Mexico nach Grönland kühlt sich das warme Wasser durch Verdunstung immer weiter ab und wird dabei auch immer salziger. Das macht das Wasser schwer. Es sinkt in die Tiefe ab und zieht dabei wie eine Pumpe das warme Wasser aus dem Süden an. Das ist der Motor dieser Strömung.

Dieser Prozess bringt die Wärme aus den Tropen nach Europa und beeinflusst damit maßgeblich unser Klima. Ohne den Golfstrom hätten wir Westeuropäer wohl eher ein Klima wie die auf demselben Breitengrad lebenden Kanadier. Während die Temperaturen dort Ende März noch deutlich unter dem Gefrierpunkt liegen, genießt man in Europa bereits den herannahenden Frühling. Doch jetzt machen gleich mehrere Studien Grund zur Sorge. Ihr Ergebnis: Der Golfstrom hat sich deutlich abgeschwächt. Seit 1950 um rund 15 Prozent. Die Wärmepumpe Europas ist in den letzten 1500 Jahren noch nie so schwach gewesen wie heute.

Unsere Chance

Verschmutzung, Überfischung und die globale Erwärmung sind nur einige der Aspekte, die dem Lebensraum Ozean zu schaffen machen. Die Folgen gefährden nicht nur das Leben im Wasser, sondern verändern auch das Klima an Land und damit die wirtschaftlichen Strukturen. Unsere Meere sind in Gefahr – und damit der ganze Planet und wir Menschen selbst.

Dabei sind die hier angesprochenen Probleme nur ein Bruchteil, sie alle zu benennen und in ihrer Komplexität zu verstehen würde Bände füllen. Und es würde auch nicht viel nützen, denn viel wichtiger erscheint mir die Frage: Was können wir Menschen – jeder einzelne von uns – tun, damit unser Blauer Planet nicht weiter außer Kontrolle gerät?

Da ist zunächst das Problem des Bevölkerungswachstums: Vermutlich werden wir bereits 2050 die magische Grenze von zehn Milliarden Menschen erreicht haben. Diese Grenze ist deshalb so bedeutend, weil man davon ausgeht, dass unsere Erde nicht mehr Menschen nachhaltig ernähren kann. Wir werden einfach zu viele und wir entnehmen der Erde zu viele Ressourcen. Verantwortlich für den Raubbau sind vor allem die Bewohner der Industriestaaten mit ihrem übermäßigen Konsumverhalten. Würden alle Menschen auf der Welt so viel konsumieren wie die Deutschen, so bräuchten wir drei Erden. Wären alle Menschen aus den USA, so benötigten wir sogar mehr als fünf Erden. Unfassbar, oder? Es sind also nicht »die Anderen«, sondern wir alle. Sie und ich, wir müssen unsere Aufmerksamkeit schärfen, unser Bewusstsein und damit unsere Gewohnheiten ändern.

Nur eine gerechtere Verteilung unserer Ressourcen kann letztlich ein nachhaltiges und friedvolles Leben sicherstellen. Das gilt übrigens auch für die Bildung, mit der die Überbevölkerung zusammenhängt. Denn wo steigen die Bevölkerungszahlen am meisten? Genau: in den sogenannten Entwicklungs-

▲ **Natur unter Druck:** Durch unseren Einfluss werden viele Arten gezwungen, ihr Verhalten anzupassen.

ländern. Untersuchungen zeigen, dass mit steigender Bildung auch die Geburtenrate abnimmt.

Mir wurde in den letzten Jahren klar, dass ich globaler denken muss. Und dass ich all die Probleme natürlich nicht allein lösen kann, sondern dass dies »im Großen« geschehen muss, also durch – nationale und internationale – politische Entscheidungen. Es geht für mich heute nicht mehr ausschließlich um das nationale Wohl, sondern ich verstehe mich als Erdenbürger – mit entsprechenden Konsequenzen bei meinen politischen Prioritäten.

Jeder einzelne ist wichtig

Doch bis sich weltweit eine global denkende und ökologische Politik durchsetzt, kann es dauern. Das ist mir bewusst. Deshalb habe ich entschieden, bei mir selbst anzufangen. Zum Beispiel bewusster einzukaufen. Wir alle in den Industrienationen werfen viel zu viele Lebensmittel weg, kaufen immer wieder mehr, als wir wirklich benötigen. Dabei kommen doch die meisten dieser Waren aus der Natur: Fleisch, Fisch, Gemüse und Obst wachsen auf unserer Erde heran. Auf Feldern oder im Meer. Der jüngste IPCC-Sonderbericht zur Landnutzung besagt, dass derzeit bis zu 30 Prozent aller produzierten Lebensmittel weltweit durch Verschwendung verloren gehen.

Fast jedes dieser Produkte kommt zudem in einer Plastikverpackung zu uns. Auch diese muss mit Energie und Material aus unserer Erde hergestellt und danach entweder vernichtet oder recycelt werden. Auch das kostet erneut Energie. Energie, die bisher überwiegend aus fossilen Lagerstätten gewonnen wird.

Vermeiden heißt da das Stichwort! Den Überfluss und die Verpackungen. Vermeiden, wo es und was immer nur geht. Ich überlege mir heute zweimal, ob ich wirklich mit dem Auto fahren muss. Und wie oft entdecke ich, dass in irgendeinem Zimmer Licht brennt, obwohl dort gar niemand ist? Machen wir uns bewusst: Jeder Konsum verbraucht Energie. Wenn wir also etwas bewirken wollen, müssen wir verzichten. Das fällt natürlich schwer, zumal die meisten von uns einen nachvollziehbaren Wandel, eine positive Konsequenz dieses Verzichts, nicht mehr erleben werden.

Doch ein Umdenken ist alternativlos, wenn wir unseren Kindern und Enkeln nicht eine zerstörte Erde hinterlassen möchten. Einen Blauen Planeten, der nicht mehr bewohnbar ist. Wir alle kennen unzählige Hollywoodfilme, die sich mit einer solchen Apokalypse beschäftigen. Die meisten von uns werden das als Science-Fiction abtun, und doch sind wir auf dem besten Wege, dass genau dieses Szenario eintritt. Zu Recht prangern jüngere Generationen diese Entwicklung immer vehementer an, denn sie fürchten um ein Leben in einer gesunden Umwelt.

Tatsächlich wird seit den letzten Jahren bei uns langsam ein Wertewandel erkennbar, weg vom Konsum und hin zu einem nachhaltigeren Leben. Und damit dieser Trend sich weiter verstärkt und beschleunigt, hier meine Bitte: Lassen Sie uns alle unsere Lebensgewohnheiten überdenken. Jeder von uns kann noch etwas verbessern, um unsere Erde – und damit uns alle – zu schützen. Sie werden erstaunt sein: Es geht! Und wenn es auch nur im Kleinen ist. Aus Millionen kleiner Anstrengungen kann eine ganz große werden. Die Zeit drängt, darum sollten wir am besten heute noch damit beginnen. Wir dürfen nichts unversucht lassen, um unseren Blauen Planeten zu bewahren. Wir haben nur diesen einen.

NACHWORT

Schon seit meiner Jugend war es mein Anliegen, möglichst vielen Menschen von unseren Meeren zu erzählen. Nicht nur von Nord- und Ostsee, sondern generell von allen Meeren. Ich wollte über die kleinen und großen Wunder berichten. Es lag mir am Herzen zu zeigen, welche fantastischen Wesen die Evolution zustande gebracht hat. Und mir war es auch schon immer wichtig, die komplexen Zusammenhänge dieser Lebensgemeinschaft selbst zu verstehen und darzustellen. Kurz gesagt, das Netz der Natur zu erklären: Jedes Tier und jede Pflanze hat darin eine spezifische Aufgabe und einen Platz. Jedes bildet einen Knotenpunkt in seiner Welt. Entnimmt man ein paar dieser Lebewesen, dann bekommt das Netz einen »Durchhänger«, entnimmt man zu viele, dann fällt es auseinander. So schnell, dass es dann auch nicht mehr zu reparieren ist. Genau das droht dem »Netzwerk Erde« gerade jetzt.

Im letzten Jahrzehnt meiner Arbeit als Filmemacher wurde mir daher klar, dass sich unser Schaffen mehr auf die Dokumentation der Zusammenhänge konzentrieren muss. Auch deshalb haben mein Team und ich uns bei der Filmserie »Unsere Meere« diese Aufgabe ganz besonders zu Herzen genommen.

Doch das ging nicht ohne Kompromisse: Schon bei der Recherche wurden Martina, Manuel und mir klar, dass viele der Themen, die unsere Meere bedrohen, nicht oder nur unzureichend filmisch darstellbar sind. Die zunehmende UV-Strahlung zum Beispiel, die Bedrohung durch Mikroplastik, die Lärmverschmutzung der Gewässer oder das Uralt-Thema Überfischung: alles Aspekte von großer Relevanz und doch in weiten Teilen schwer abbildbar – zumindest in einem reinen Tierfilm. Am Ende mussten wir auf das konzentrieren, was wir visualisieren können.

Das Ergebnis sehen Sie in diesem Buch und noch umfassender in der ARD-Serie »UNSERE MEERE«.

Noch nie habe ich eine Filmreihe gemacht, die so viel Zeit und Geld verschlungen hat: Mehr als drei Jahre waren mein Team und ich unterwegs. Dutzende von Ortskundigen, Tauchern und Wissenschaftlern haben uns dabei geholfen. Bei all diesen Menschen möchte ich mich an dieser Stelle bedanken. Ganz besonders natürlich bei meinem Team: bei Martina Andrés, Manuel Spescha und Josh Miller. Ohne sie wären diese Filme niemals zustande gekommen.

Auch in Zukunft werden wir uns der Aufgabe stellen, das Leben in und an unseren Meeren zu porträtieren und die faszinierenden Zusammenhänge dieses Ökosystems aufzuzeigen. Schon jetzt können Sie sich auf unsere neue Serie freuen, ihr Arbeitstitel lautet: »Trauminseln des Indischen Ozeans«. Eine spannende Filmreise in die tropische Inselwelt der Malediven, der Seychellen und von Mauritius & La Reunion.

Ich hoffe, dass dieses Buch Sie ein wenig inspirieren konnte. Und vielleicht dachten Sie beim Lesen und Anschauen ja das eine oder andere Mal sogar: »Das wusste ich noch gar nicht!«. Dann haben wir mit diesem Buch genau das erreicht, was wir wollten.

Ihr
Thomas Behrend

SCUBAPRO
DEFINITION
SCUBAPRO
OCTO

IMPRESSUM

Verantwortlich: Maren Langendorff
Redaktion und Korrektorat: Juliane Braun, Pamela Scholz
Layout & Satz: Roman Bold & Black, Michael Gladysz
Repro: LUDWIG:media
Umschlaggestaltung: Mathias Frisch
Herstellung: Bettina Schippel
Printed in Poland by CGS Printing

★★★★★

Sind Sie mit diesem Titel zufrieden? Dann würden wir uns über Ihre Weiterempfehlung freuen.
Erzählen Sie es im Freundeskreis, berichten Sie Ihrem Buchhändler, oder bewerten Sie beim Onlinekauf. Und wenn Sie Kritik, Korrekturen, Aktualisierungen haben, freuen wir uns über Ihre Nachricht an Bruckmann Verlag, Postfach 40 02 09, D-80702 München oder per E-Mail an lektorat@verlagshaus.de.

Unser komplettes Programm finden Sie unter

www.frederking-thaler.de

Textnachweis: Alle Texte stammen von Thomas Behrend.

Alle Abbildungen des Innenteils und des Umschlags stammen von Martina Andrés, außer: S. 74, 86 l., r., 87, 92, 93, 179, 218, 228 u. (Screen Grabs aus den Filmen „Unsere Meere"); 107, 131, 146, 195 (Manuel Spescha)

Umschlagvorderseite: Leuchtturm auf Anholt in Kattegat (oben); Neugierige Kegelrobbe vor den Shetlandinseln (unten).
Umschlagrückseite (v.o.l.n.u.r.): Die Rauken von Gotland sind Überreste ehemaliger Korallenriffe; Richtig verspielt: Große Tümmler im Moray Firth; Die Erbseninseln bei Bornholm bieten zahlreichen Vogelarten ein ideales Brutgebiet abseits des Festlandes; Papageitaucher auf den Fair Isle müssen sich vor Raubmöwen in Acht nehmen; die Arbeit als Tierfilmer bedeutet für Thomas Behrendt hin und wieder auch stundenlanges Warten und Beobachten; Entspannt liegt der Otter im Kelp auf den Shetland Inseln.

S.2/3: Eine Landspitze auf der Insel Saaremaa in Estland. Jetzt im Februar sollte das Meer eigentlich Eis bedeckt sein. Doch die globale Erwärmung verhindert das. Wie überall in der Ostsee, hat das auch hier Konsequenzen für die Tierwelt;
S. 4/5: Ganz im Norden der Shetlandinseln: Papageitaucher auf der Insel Hermaness

Die Deutsche Nationalbibliothek verzeichnet diese Publikation in der Deutschen Nationalbibliografie; detaillierte bibliografische Daten sind im Internet über http://dnb.d-nb.de abrufbar.

ISBN 978-3-95416-405-9